いちばんやさしい
60代からの
iPhone アイフォーン

13/13 Pro/13 Pro Max/13 mini

増田 由紀 著

日経BP

目 次

第1章　iPhone の基本を知ろう

第2章　電話を使おう

(4)

第8章　iPhone の便利な機能やアプリを利用しよう

はじめに

この本は iPhone の基本的な使い方をしっかり学び、楽しく使うための**シニア世代向け入門書**です。活字も大きく、操作手順にもわかりやすく数字が振ってあるので、はじめてのスマートフォンとして iPhone を選んだ方に**最適**です。

私は日ごろからシニア世代向けに講座をやっている**現役講師**です。受講生の年代は 60 代から、**最高齢は 90 代以上**です。レッスンをしながら思うのは、年齢を言い訳にせず、**新しいものにチャレンジする人はいつでも「若い」**ということです。

今や、シニア世代にも普及しつつあるスマートフォンですが、まだ電話機としてしか使っていない人が多いのも現状で、とてももったいないと感じています。これからの時代、**シニア世代こそスマートフォンを使うメリットは大きい**と思います。

生徒さん（90 代）との一コマ

いつでも手の中で、知りたい情報を得たり、行きたい場所を調べたり、メッセージや写真をやり取りしてコミュニケーションを楽しめるこの便利な道具は、今や**生活の必需品です**。さまざまな理由で思うように外出ができなかったり、人との交流が少なくなったりしがちな時、スマートフォンが使えることは大きな助けになります。

オンラインレッスンも実施中

著者からのご挨拶
iPhone でこの QR コードを読み取ってください。
（操作は P159 参照）

スマートフォンは「基本ソフトウェア」で動いています。iPhone の基本ソフトウェアは iOS（アイオーエス）といいます。**今年**買った iPhone でも、**2年前**に買った iPhone でも、**6 年前**に買った iPhone でも、この**基本ソフトウェアの更新**で、新しいメニューが使えるようになります。皆さまの iOS は今、何になっていますか？

この本は基本ソフトウェアの最新版「iOS 15」で書きました。iOS 15 の対応機種は 2015 年 9 月に発売された iPhone 6s 以降と幅広いので、この本の5ページを見ながら、今使っているご自分の**iPhone を最新の状態にして**ご利用ください。

購入した時期にかかわらず、基本ソフトウェアを最新の状態にしながら、**長く使うことができる**のが iPhone のいいところです。iPhone 本体下部に丸いホームボタンのある iPhone の場合 ❗ の箇所を読んでください。

■ 本書の執筆環境について

- iPhone 13 Pro　512GB
- iOS 15.1
- Apple ID を取得し、取得した Apple ID をメールアドレスとして使用している状態
- メッセージの設定が終了している状態

※**iPhone のモデル、また iOS やアプリのバージョンによって、画面の表示が本書と異なる場合があります。**

また、本書に掲載されている Web サイトに関する情報や内容、App Store の内容は、本書の編集時点（2021 年 11 月現在）で確認済みのもので、変更されることがあります。

第1章

iPhone の基本を知ろう

レッスン 1　iPhoneは小さなコンピューター

iPhone（アイフォーン）は世界で一番有名なスマートフォンのひとつで、Apple社が作った製品です。スマートフォンは携帯電話の高級版ではありません。ポケットサイズの賢い小さなコンピューターです。

1　iPhoneとAndroid

スマートフォンには基本ソフトウェアが搭載されています。基本ソフトウェアなしでは、何もすることができません。スマートフォンには大きく分けて2つの種類があります。

Apple社が提供する基本ソフトウェアで動くスマートフォンの名前を iPhone（アイフォーン）といいます。本体の背面に のマークが付いています。

iPhoneは基本ソフトウェアの提供から機種の製造までをApple社が行います。
一方、Google社が提供する基本ソフトウェアで動くスマートフォンを Android（アンドロイド）スマートフォンといいます。Androidスマートフォンを製造している会社は複数あります。そのためさまざまな特徴を持った機種が発売されていて、価格もまちまちです。

一般的な名称	iPhone（アイフォーン）	Android（アンドロイド）スマートフォン
基本ソフトウェアの名称	iOS（アイオーエス）	Android（アンドロイド）
基本ソフトウェアの提供会社	Apple社（アップル社）	Google社（グーグル社）
主な携帯電話会社（キャリア）	ドコモ、au、ソフトバンクなど	ドコモ、au、ソフトバンクなど
主な機種	iPhone	AQUOS（アクオス） Xperia（エクスペリア） Arrows（アローズ） Google Pixel（グーグルピクセル） Galaxy（ギャラクシー） HUAWEI（ファーウェイ） ZenFone（ゼンフォン）　など
主な製造メーカー	Apple社（米国）	シャープ ソニー 富士通 Google（米国） サムスン（韓国） HUAWEI（中国） ASUS（台湾）　など

2 iPhone の各部の名称

iPhone 各部の名称を見てみましょう。ここでは iPhone 13 で説明します。

背面カメラ

フラッシュ

マイク／スピーカー

前面側カメラ

着信／サイレントスイッチ
スライドしてオレンジ色が見える時は消音になります（P32 参照）。電話の着信音を鳴らしたくない時に使います。

音量ボタン
音量の調整に使います。上のボタンを押せば音量は大きく、下のボタンを押せば小さくなります。

サイドボタン
ボタンを押すと画面がすぐに暗くなり、長く押し続けると完全に電源を切ることができます。

この画面は、**ホーム画面**といいます。ホーム画面にある小さい**アイコン**（絵柄）の1つ1つを**アプリ**といいます。アイコンは、そのアプリで何ができるかを示しています。

Lightning コネクタ
充電する時に使う Lightning ケーブルの差し込み口です。

iPhone 13 には 3 つの大きさがあります。
一番小さく、薄く軽い機種が iPhone 13 mini
背面カメラにレンズが2つあるのが iPhone 13、
背面カメラにレンズが 3 つあるのが iPhone 13 Pro です。
背面カメラにレンズが3つあり、画面のサイズが大きいのが iPhone 13 Pro Max です。
iPhone 13 シリーズは、カメラ機能が良くなり、全機種が 5G 通信に対応しています。

機種名	サイズ	重さ	レンズの数
iPhone 13 mini	高さ：131.5mm 幅　：　64.2mm 厚さ：　7.65mm	140g	2つ
iPhone 13	高さ：146.7mm 幅　：　71.5mm	173g	2つ
iPhone 13 Pro	厚さ：　7.65mm	203g	3つ
iPhone 13 Pro Max	高さ：160.8mm 幅　：　78.1mm 厚さ：　7.65mm	238g	3つ

3

3 iPhone の充電

バッテリーはぎりぎりまで使用せずに、20%程度になったら充電するようにしましょう。

iPhone 13 の付属品は USB-C Lightning ケーブルというケーブルだけです。別途、付属の USB-C ケーブルに対応した充電器（電源アダプタ）が必要です。「Power Delivery（PD）」に対応している 20W（ワット）以上の充電機なら、高速で充電ができます。

USB-C
Lightning
ケーブル

▲iPhone の付属品

① 付属のケーブルを本体下部の Lightning コネクタにつなぎ、コンセントに接続します。
② バッテリーの残量が画面右上に表示されます。

フル充電の状態		
バッテリーが半分程度の状態		
充電が必要な状態		

バッテリーの残量は次の手順で確認できます。

① ホーム画面の右上の部分を下に動かします。
② バッテリーの残量がパーセントで表示されます。

iPhone 本体下部に丸いホームボタンのある iPhone の場合、次のようにしてバッテリーの残量を表示します。

① ホーム画面の ⚙ ［設定］に軽く触れます。
② 画面を少し上に動かし、［バッテリー］に軽く触れます。
③ ［バッテリー残量（%）］の ⬜ オフに軽く触れて 🟢 オンにします。
④ 画面右上にバッテリーの残量がパーセントで表示されます。

4

4 iPhone の基本ソフトウェア「iOS」について

iPhone は新製品が出るたびに、カメラの性能がよくなったり、音声や指紋、顔を認識するようになったりと、さまざまな機能が追加されてきました。iPhone には基本ソフトウェアと呼ばれるプログラムが入っていて、それが更新や変更されているためです。このソフトウェアの名前を iOS（アイオーエス）といいます。iOS のバージョンは数字で表され、数字が大きいほど新しいものになります。2015年9月に発売された iPhone6s 以降であれば、最新の iOS に更新することができます。

基本ソフトウェアのバージョンは次の手順で確認します（本書では iOS 15.1 の状態）。

① ホーム画面の [設定] に軽く触れます。
② 画面を少し上に動かし、[一般] に軽く触れます。
③ ［ソフトウェア・アップデート］に軽く触れます。
④ 現在の iOS のバージョンと状態が表示されます。

iOS が最新の場合、「iOS は最新です。」と表示されます。

ワンポイント ホーム画面にメニューが表示された時は

操作に慣れないうちは、知らない間に画面が変わってしまったり、ホーム画面のアイコンにメニューが表示されてしまったり、ということがあるかもしれません。操作の途中で予期せぬ画面が表示されたら、何もないところを軽く触れるとメニューが非表示になり、ホーム画面に戻ります。
iPhone 本体下部に丸いホームボタンのある iPhone の場合、ホームボタンを押してホーム画面に戻ります。

5

5 iOS のアップデート

ソフトウェアを最新の状態にすることをソフトウェアのアップデートといいます。アップデートすると、不具合が解消されたり、新機能が追加されたりします。iOS が最新の状態にできる時は、ホーム画面の［設定］に赤色の丸数字が表示されます。アップデートの作業を進めるには、バッテリーが 50％以上残っている必要があります。バージョンアップの程度によって表示されるメッセージは異なります。画面は iOS 15.0.2 にバージョンアップした時のものです。

① ホーム画面の [設定] に軽く触れます。
② 画面を少し上に動かし、［一般］に軽く触れます。
③ ［ソフトウェア・アップデート］に軽く触れます。
④ ［iOS15 にアップグレード］と表示されていたら、それに軽く触れます。［ダウンロードしてインストール］に軽く触れます。［今すぐインストール］の場合もあります。
⑤ ［パスコードを入力］と表示されたらパスコード（数字）を正確に入力します。

⑥ 利用規約の内容をよく読んでから［同意する］に軽く触れます。
⑦ 利用規約の確認が表示されたら［同意する］に軽く触れます。
⑧ 残り時間が表示されます。しばらく待ちます。
⑨ 画面が一度暗くなり、次に のマークが表示されます。しばらく待ちます。
⑩ アップデートが終了すると、ホーム画面が表示されます。

レッスン 2　画面が暗くなった時の操作

iPhone はしばらく触れていないと、バッテリーの消耗を防ぐために画面が暗くなります。画面が暗くなっても電源が切れたわけではなく、すぐに使えるようにスタンバイしている状態です。

1　スリープ／スリープ解除

画面に触れて操作する iPhone ですが、使っていない時でも画面が長時間明るいままだと、バッテリーを消耗します。iPhone は、一定の時間（初期設定では 30 秒）、画面に触れていないと自動的に暗くなります。その時は画面に軽く触れるか、iPhone を持ち上げると、また画面が明るくなります。

画面が自動的に暗くなり節電のため待機している状態をスリープといいます。これはバッテリーの無駄な消耗を防ぐ工夫です。スリープの時は、完全に電源が切れているわけではありません。画面を軽く触れるか、iPhone を持ち上げてスリープを解除すると、すぐに続きの操作ができる状態になります。

iPhone の電源を完全に切って（オフ）しまうと、次に電源を入れる（オン）のに少し時間がかかります。しばらく操作しない時は、電源を完全に切るのではなく、サイドボタンを押して画面を消し、スリープの状態にしておくとよいでしょう。

▼電源が入っている　　▼しばらく触れずに画面が暗く　　▼完全に電源を切った
　状態　　　　　　　　　なった状態（スリープ）　　　　　状態（P9 参照）
　　　　　　　　　　　　→画面に触れるか、サイド　　　**→触れても明るくならない**
　　　　　　　　　　　　**　ボタンを押すと明るくなる**

iPhone がすぐにスリープの状態になり、暗くなってしまうのが不便な場合には、スリープまでの時間を変更することができます（P15 参照）。

① ホーム画面の状態で、本体右側のサイドボタンを軽く1回押します。画面が暗くなり、スリープの状態になります。

② 本体右側のサイドボタンを軽く1回押します。画面が明るくなり、日付や時刻が表示されたロック画面になります。

▼ホーム画面 **▼スリープの状態** **▼ロック画面**

軽く押します。

軽く押します。

③ ホーム画面を表示するには、画面を下から上に押し上げます。下にある白いバーを引き上げるようにするとよいでしょう。

！ iPhone本体下部に丸いホームボタンのあるiPhoneの場合、ホームボタンを押してホーム画面を表示します。

④ Face ID（顔認証：P25参照）の設定をしている場合、iPhoneに視線を合わせるとロック画面が解除されます。

！ iPhone本体下部に丸いホームボタンのあるiPhoneで、Touch ID（指紋認証：P26参照）の設定をしている場合、登録した指紋をホームボタンにのせるとロック画面が解除されます。

⑤ パスコード（P24参照）を設定している場合、パスコードの数字を入力するとロック画面が解除されます。

ホーム画面はすべての操作のスタート地点です。操作に迷ったらホーム画面に戻りましょう。

2 電源を切る／入れる（再起動）

iPhone の電源を完全に切ると、次に使える状態になるまでに少し時間がかかります。
通常は、前述のようにサイドボタンを押して、スリープの状態にしておいて構いません。
電源を完全に切り、また電源を入れることを再起動といいます。
iPhone の調子が悪くなった時に再起動すると、さまざまなトラブルが解消されることが
よくあります。再起動の方法をしっかり覚えておきましょう。

① 本体右側のサイドボタンと、左側の音量をボタンのどちらかを同時に、3 秒程度押します。

❗ iPhone 本体下部に丸いホームボタンのある iPhone の場合、本体右側のサイド
ボタンを 3 秒程度押します。

iPhone の設定によっては、同時にボタンを長く押し続けていると、緊急 SOS のカウント
ダウンとともに大きな音が鳴る場合があるので、注意しましょう。

② ［スライドで電源オフ］の 🔘 を右へ動かします。画面が暗くなって完全に電源が切
れます。これが電源オフの状態です。

同時に
3 秒程度
押します。

**▼ホームボタンのある
iPhone の場合**

3 秒程度
押します。

③ しばらくしてから、本体右側のサイドボタンを 3 秒程度押します。🍎 のマークが表示さ
れたら指を離します。

④ しばらくするとロック画面が表示されます。画面を下から上に押し上げてホーム画面を表
示します。

❗ iPhone 本体下部に丸いホームボタンのある iPhone の場合、ホームボタンを押し
てホーム画面を表示します。

レッスン 3　指で操作する感覚に慣れる

iPhone を使うのに必要な操作を覚えましょう。いずれも爪ではなく指先の柔らかいところを使います。カタカナ用語だと感覚がつかみにくいかもしれませんが、日常生活でもよく行う操作に置き換えてみると、イメージしやすいでしょう。

1　タップ（選ぶ）

タップは指先の柔らかい部分で画面を軽く 1 回触れる操作です。「押す」ほどの力は必要ありません。テーブルの上のゴマ粒を指先で拾う感じです。iPhone を使う時に一番多く行う操作がタップで、とても大事な操作です。メニューやボタンを選ぶ時に使います。

① ホーム画面の 　　　 ［マップ］をタップします。

② ［マップの新機能］と表示されたら［続ける］をタップします。［"マップ"に位置情報の使用を許可しますか？］と表示されたら［App の使用中は許可］をタップします。
また、［"マップ"の改善にご協力いただけますか？］と表示されたら［許可］をタップします。

③ 現在地が表示されます。別の場所が表示されていた時は、　　　 をタップして現在地を表示します。

> タップは iPhone 操作の基本となります。まずは爪を立てないようにしましょう。
> 強い力で押すと指も滑って上手にタップできません。力を入れすぎず、最初はゆっくり軽く、そしてしっかり触れてみましょう。

10

次のアプリをタップして画面を確認したら、ホーム画面に戻るという練習をしてみましょう。新機能の説明が表示されたら［続ける］をタップします。この練習は［アプリを開く］→［ホームに戻る］という操作に慣れることが目的です。それぞれのアプリの使い方は、各章で説明します。

① ホーム画面の ［電話］をタップします。
② 画面を下から上に押し上げてホーム画面に戻ります。
> ❗ iPhone本体下部に丸いホームボタンのあるiPhoneの場合、ホームボタンを押してホーム画面に戻ります。

③ ホーム画面の ⏰ ［時計］をタップします。

④ ホーム画面に戻ります。

⑤ ホーム画面の ［メモ］をタップします。

⑥ ホーム画面に戻ります。

⑦ ホーム画面の 🗓19 ［カレンダー］をタップします。

⑧ ホーム画面に戻り、最後にもう一度 🗺 ［マップ］をタップします。

2 ピンチアウト、ピンチイン（拡大・縮小）

指2本を使って、画面の拡大・縮小ができます。指2本で画面を軽く押し広げて大きくすることをピンチアウト、指2本で画面を軽くつまんで小さくすることをピンチインといいます。

ピンチアウト（指で広げる）

もうこれ以上大きくならないところまで何度かピンチアウトしてみましょう。

ピンチイン（指を狭める）

日本全体、地球全体が見えるくらいまで何度かピンチインしてみましょう。

11

3 ドラッグ、フリック、スワイプ

指の操作に使われるカタカナ用語をすべて覚える必要はありませんが、それぞれの用語がどんな操作なのかを知っておくとよいでしょう。
ここで説明している指の動かし方はどれも似ていますが、次第に指の感覚が慣れていくので、その感覚を重視してください。

ドラッグ　　指を触れたままゆっくり動かします。最後まで指は触れたままです。「ずるずると引きずる」という感じです。何かを移動する時などに使います。

フリック　　指で軽く払うように動かします。「ほこりをさっと払う」時の指の感じです。文字入力の時によく使います（P48 参照）。

スワイプ　　指で触れて少し待ってから指を滑らせます。「涙を拭い取る」時の指の感じです。フリックよりも力が入る感じです。最後は画面から指が離れます。メニューを表示させる時などに使います。

どの操作でも地球を動かすことができますが、指の操作の微妙な違いを確かめておきましょう。

① ⬈ をタップして現在地を表示します。

② 画面を下から上に押し上げてホーム画面に戻ります。
　　❗ iPhone 本体下部に丸いホームボタンのある iPhone の場合、ホームボタンを押してホーム画面を表示します。

レッスン 4 ホーム画面の使い方

ロック画面を解除して最初に表示されるホーム画面は、すべての操作のスタート地点です。ホーム画面を確認してみましょう。

1 ステータスバーと Dock

画面上のステータスバーでは、次の内容が確認できます。

時刻

.ıll 電波の強さ

📶 Wi-Fi の接続

バッテリー残量

ステータスバー

Dock（ドック）

Dock（ドック）は日本語では「波止場」という意味です。
よく使うアプリが4つ表示されています。
ホーム画面を動かしても、ドックにある 4 つのアプリは常に表示されています。この4つのアプリを入れ替えることもできます（P94 参照）。

2 コントロールセンター

音量や画面の明るさの調整、Wi-Fi（ワイファイ）の接続／切断、画面の回転、カメラなどよく利用するメニューなどを簡単に表示できるのがコントロールセンターです。
iPhone の操作中いつでも、次のような方法でコントロールセンターを表示できます。

画面の右上から下にゆっくり指を動かします。

▼ホームボタンのある iPhone の場合

本体の下の縁からゆっくり押し上げるように指を動かします。

13

ここを強く押すと、さらに6つの
メニューが表示されます。

① 機内モード............. 機内モードを ✈ オンにすると、iPhone のすべての通信を切
断にすることができます。

② モバイルデータ通信 ... 携帯電話会社のデータ通信のオン／オフができます。
通常は (ʰ) オンの状態にしておきます。

③ Wi-Fi.................. Wi-Fi を使いたい時は 🛜 オンにします。

④ Bluetooth .... Bluetooth のオン／オフができます。Wi-Fi も Bluetooth も
（ブルートゥース）　　 無線の規格です。 ✳ がオンの状態です。

⑤ AirDrop .... AirDrop を使えば、ほかの iPhone や iPad に無線でデータ
（エアドロップ）　　 を送ることができます。 ◉ がオンの状態です。

⑥ ミュージック............. iPhone にある曲の再生や停止ができます。

⑦ 画面の向きのロック.... 画面の向きを縦か横に固定しておくことができます。

⑧ 集中モード............. iPhone に届く通知などを制限して集中できる状態にします。

⑨ 明るさ調節 .... スライダを上下に動かして画面の明るさを設定できます。

⑩ 音量調節 .... スライダを上下に動かして音量を調節できます。一番下まで
下げると消音になります。

⑪ 懐中電灯 .... 背面のフラッシュを点灯させて懐中電灯の代わりにします。

⑫ タイマー .... タイマーやアラームなどの設定ができます。

⑬ 電卓 .... iPhone を電卓として使えます。

⑭ カメラ................... カメラの画面になり、すぐに撮影できます。

⑮ コードスキャナー .... 白と黒の二次元コード（QR コード）を読み取ります。

コントロールセンターの画面に戻るには、メニュー以外の場所をタップします。

14

3 見やすい画面の設定

iPhone の画面表示をより見やすいように設定することができます。

① ホーム画面の [設定] をタップします。
② [画面表示と明るさ] をタップします。
③ [ダーク] をタップします。背景が黒色になり、目に優しく iPhone のバッテリーの消費電力も少なくなります。[ライト] をタップします。

④ [自動ロック] をタップします（初期設定では 30 秒）。
⑤ 画面が暗くなるまでの時間が変更できます。ここでは 3 分をタップしています。変更したら [＜戻る] をタップします。
⑥ 画面を少し上に動かし、[表示] をタップします。
⑦ [拡大] をタップし、[設定] をタップします。

⑧ ［"拡大"を使用］をタップします。
⑨ ［＜戻る］をタップします。
⑩ ［テキストサイズを変更］をタップします。
⑪ スライダを右に動かすと文字が大きくなります。サイズを変更したら［＜］をタップします。

⑫ ［文字を太くする］の　　　オフをタップして　　　オンにします。
⑬ 画面表示を好みのものにしたら、画面を下から上に押し上げてホーム画面を表示します。
　　　iPhone本体下部に丸いホームボタンのあるiPhoneの場合、ホームボタンを押し
　　　てホーム画面を表示します。
⑭ 文字のサイズとアイコンが大きくなり、文字が太字になります。

この設定は何回か試して、自分に
とって一番見やすい状態にするとよ
いでしょう。
文字のサイズを大きくすると、設定
メニュー、地図、カレンダー、メール、
メモなどの文字が大きくなります。
すべての画面の文字が大きくなるわ
けではありません。

4 通知センター

新着メールやメッセージ、今日の概要や天気などを通知してくれるのが通知センターです。カレンダー（P145 参照）に予定を入れておけば、通知センターに予定が表示されます。通知センターを左に動かせば素早くカメラが使えたり、右に動かせば予定を確認したりできます。

① ホーム画面の左上をゆっくり下に動かします。
② 通知センターが表示されます。
③ 通知センターの時刻のあたりを左に動かすと、カメラが起動します。
④ 通知センター時刻のあたりを右に動かすと、バッテリー残量や予定などが表示されます。
⑤ 画面を下から上に押し上げてホーム画面を表示します。

> ❗ iPhone 本体下部に丸いホームボタンのある iPhone の場合、ホームボタンを押してホーム画面を表示します。

▼カメラ　　　　　▼通知センター　　　　　▼予定などの確認

レッスン 5　Wi-Fi とは

Wi-Fi（ワイファイ）とは無線でインターネット回線につながる仕組みです。Wi-Fi の「Wi」は「Wireless」（ワイヤレス）の「Wi」です。コードレス電話にコードがないのと同様に、ワイヤー（線）がなくてもインターネットに接続される規格のことをいいます。

1　Wi-Fi を使うメリット

iPhone は携帯電話会社（ドコモ、au、ソフトバンクなど）の回線を使って通信しています。外出先でインターネットを使って Web ページを見たり、メッセージやメールをしたりできるのは、携帯電話回線を利用してインターネットにつながっているからです。

月々支払っている携帯電話料金に応じて、ひと月に利用できるデータ通信量は決まっています。ビデオ通話や動画の視聴などは多くのデータ通信量を消費します。例えば、外出先などで Wi-Fi を利用しないで動画を長時間見たりすると、ひと月に契約しているデータ通信量を超えてしまうことがあります。その場合、月が変わるまではインターネットの接続が遅くなったり、データ通信量の追加料金の案内が来たりします。

自宅に Wi-Fi の設備があれば、携帯電話会社のデータ通信を使わずに、Wi-Fi を使って高速で大容量のデータを伴う通信ができます。これが Wi-Fi を使うメリットです。

現在多くの商業施設、店舗、駅などで、無料で利用できる Wi-Fi（フリーWi-Fi）が提供されています。Wi-Fi が使える場所では、上手に Wi-Fi を利用しましょう。ただし、セキュリティは脆弱なので、重要な通信やネットバンキングなどの取引は控えるようにしましょう。

海外旅行の際も、空港や宿泊先のホテルにある Wi-Fi などを利用した場合、多額の通信料をかけることなく無料でインターネットを利用することができます。

2　自宅や外出先での Wi-Fi の利用

プロバイダー（インターネット接続事業者）と契約し、インターネットが使える状態であれば、iPhone のために新たな通信契約をする必要はありません。無線ルーターという装置を使って、自宅のインターネット回線を無線にし、iPhone をインターネットに接続することができます。

右図のような無線ルーターの側面（または底面）を見ると、SSID（エスエスアイディ）と記載されているはずです。それが自宅で使える Wi-Fi の名前になります。

また、暗号化キー（KEY や PASS と記載されている場合もあります）が、その Wi-Fi のパスワードです。

製品型番	AMNOS-5555555
製造番号	XXXXXXXXXXXXX
プライマリ SSID（2.4GHz）	XXXXX-XXXXX-g
プライマリ SSID（5GHz）	XXXXX-XXXXX-a
暗号化キー	ABCDEFG12345678

Wi-Fi ルーターを購入した時に、箱の中に入っていた書類や、Wi-Fi の設定を依頼した時にもらう書類などを手元に置いて、iPhone の Wi-Fi 設定を行いましょう。

3 Wi-Fi の設定

iPhone の Wi-Fi の設定を確認しましょう。その場所で利用できる Wi-Fi は、iPhone の画面に自動的に表示されることになっています。
Wi-Fi ネットワークの名前を SSID（エスエスアイディ）といいます。SSID とパスワードがわかれば自分で Wi-Fi に接続することができます。

① ホーム画面の [設定] をタップします。
② ［Wi-Fi］をタップします。
③ ［Wi-Fi］が ⚪ オフの時は、タップして 🔵 オンにします。
④ ［ネットワーク］の中から接続したい SSID の名前を探してタップします。
　※iPhone を使う場所によって、ここに表示される SSID の名前は異なります。
⑤ 使用したい SSID のパスワードを入力し、［接続］をタップします。
⑥ 使用する SSID にチェックが表示され、Wi-Fi に接続できます。

🔒 が付いている SSID は、パスワードが設定されています。

Wi-Fi の名前や必要なパスワードは、店舗の人に聞くと教えてくれたり、パスワードを記載したものを提示してくれたりします。また、壁面やテーブル、メニューの裏などに掲示されている場合もあります。
SSID とパスワードがわかれば、その場所で使える Wi-Fi が自分で設定できますよ。

19

レッスン 6　Apple ID の作成

Apple ID（アップルアイディー）は iPhone を使う時のパスポートのようなものです。
iPhone を楽しむためには必須の ID です。
なお、すでに Apple ID を取得している場合には、このレッスンを省略して構いません。
また Apple ID を取得していても、パスワードも含めて忘れてしまっている場合には、
新規に作り直すこともできます。

1　Apple ID の作成手順

操作に行う前に、ID は何にするか、パスワードはどうするかあらかじめ考えておきましょう。
Apple ID はメールアドレスにもなります。メールアドレスとしても覚えやすいもの、使いや
すいものを考えてみましょう。ここでは新規に Apple ID を作成する手順を紹介します。
Apple ID はほかの誰かと同じものでなければ、好きなものを使うことができます。
パスワードは 8 文字以上にする必要があり、英小文字が 1 文字以上、英大文字が 1 文
字以上入っていなければいけません。また、「22」「aa」など、同じ文字を 2 回以上続け
ることはできません。
なお、文字入力については第3章で詳しく説明しています。

① ホーム画面の　　　　［設定］をタップします。
② ［設定］の画面が表示されます。［iPhone にサインイン］をタップします。
③ ［Apple ID をお持ちでないか忘れた場合］をタップします。
④ ［Apple ID を作成］をタップします。
⑤ ［名前と生年月日］と表示されます。ひらがなのキーボードが表示されていない時は 🌐
　をタップしてキーボードを切り替えます。
⑥ 姓を入力すると変換候補が表示されます。該当するものをタップします。

20

⑦　［名］をタップし、入力します。変換候補の中から該当するものをタップします。
⑧　［生年月日］をタップし、日付を上下に動かして誕生日を入力します。
⑨　［次へ］をタップします。
⑩　［メールアドレス］と表示されます。［メールアドレスを持っていない場合］をタップします。
⑪　[iCloud メールアドレスを入手する］をタップします。

⑫　🌐 をタップしてキーボードを切り替え、メールの欄にメールアドレスを入力します（**21 文字以内で先頭の文字に数字は使えません**）。数字は 123 をタップして入力します。

⑬　希望のメールアドレスを入力したら［次へ］をタップします。
⑭　［メールアドレスを作成］をタップします。
⑮　［パスワード］と表示されます。**パスワードは 8 文字以上で、数字および英文字の大文字と小文字が最低 1 文字以上必要です。また同じ文字を 2 文字以上続けることはできません。**大文字はキーボードの ⇧ を押しながら入力します。
⑯　確認のため同じパスワードをもう一度入力します。
⑰　［次へ］をタップします。

ここで aonosatoshi と入力すると、新しいメールアドレスは次のようになります。

aonosatoshi@icloud.com

21

2　電話番号の確認

携帯電話の番号が入力されていることを確認し、Apple ID の作成を進めます。

① ［電話番号］に携帯電話の番号が表示されます。携帯番号が表示されていない場合は入力します。
② SMS（ショートメール）にチェックが表示されていることを確認し、［次へ］をタップします。
③ ［確認コード］と表示され、ショートメールで確認コード（数字 6 桁）が送られてきます。そのまま待っていると自動的に入力されます。
④ ［利用規約］が表示されます。確認をして［同意する］をタップします。
⑤ もう一度［同意する］をタップします。しばらく待ちます。
⑥ Apple ID が作成されます。

iPhone の設定は、あとからできるものも多いので、その時に判断できない場合は[あとでXXXでセットアップ]をタップしておきましょう。
作成した Apple ID とパスワードを控えておきましょう。
パスワードはとても大事なものです。人に見られないように、しっかり管理してください。

年　　　月　　　日取得

Apple ID	@icloud.com
パスワード （大文字含む）	

「I（イチ）」と「I（アイ）」、「0（ゼロ）」と「O（オー）」など、後から間違えないように入力した通りの表記を覚えておきましょう。
紛らわしい場合はフリガナをふっておくとよいでしょう。

3 Apple ID の確認方法

Apple ID に従来のメールアドレス、携帯メールアドレスなどを設定することもできますが、新しいメールアドレスが 1 つ増えると考えて、新規取得しておくとよいでしょう。

すでに持っている携帯メールアドレスを Apple ID として使用した場合、契約している携帯電話会社が変わってしまうと使えなくなる場合があります。そのようなメールアドレスを Apple ID に指定しないよう、気をつけましょう。

すでに iPhone に設定してある Apple ID を確認する方法は次の通りです。

自分の Appel ID がわからない時は、次の手順で確認してください。なお、パスワードは設定の画面から調べることができません。iPhone を購入した時の書類で確かめるなりして、ご自身で設定したパスワードを必ず把握しておいてください。

① ホーム画面の ⚙ [設定] をタップします。
② 自分の名前が表示されるのでタップします。
③ 名前の下に表示されているものが、その iPhone に設定されている Apple ID となります。パスワードは表示されません。

Apple ID でできることは、メールやメッセージの送受信、ビデオ通話、iPhone を買い替えた際のデータの移行などたくさんありますが、特にアプリの入手には欠かせないものです。

23

レッスン 7　iPhone のセキュリティ設定

iPhone を持ち歩いていると、紛失してしまったり、盗難といった可能性もあります。万が一に備えて、iPhone にセキュリティ対策としてパスコードを設定しておきましょう。また、iPhone 5s 以降には指紋認証の機能が、iPhone X 以降には顔認証の機能があります。これらはロック画面の解除やアプリの追加（P82 参照）などに使うことができます。

1　パスコードの設定

パスコードを設定すると、最初に6桁の数字を入力しなければ iPhone が使えないようになります。パスコードに使われるのは数字だけです。セキュリティのためには有効なので、オフにしている場合は必ず設定しておきましょう。

① ホーム画面の ⚙ ［設定］をタップします。
② ［Face ID とパスコード］をタップします。
　❗ iPhone 本体下部に丸いホームボタンのある iPhone の場合、
　　［Touch ID とパスコード］をタップします。
③ ［パスコードをオンにする］を
　タップします。
④ ［パスコードを設定］の画面
　で、パスコードにする6桁の数
　字を入力します。
⑤ もう一度、手順④で入力した
　6桁の数字を入力します。
⑥ 本体右側のサイドボタンを軽く
　押します。画面が消えてスリー
　プの状態になります。
⑦ もう一度、本体右側のサイド
　ボタンを軽く押します。ロック画
　面が表示されます。
⑧ 画面を軽く上に引き上げると、
　パスコードを入力する画面が
　表示されます。設定した6桁
　のパスコードを正確に入力しま
　す。

　❗ iPhone 本体下部に丸
　いホームボタンのある
　iPhone の場合、ホーム
　ボタンを押します。

24

2 顔の登録（ホームボタンのない iPhone）

ホームボタンのない iPhone は、顔を登録して Face ID（フェイスアイディー）として使用できます。ロック画面の解除にも、登録した顔が使えます。登録した Face ID は、App Store（P88 参照）や iTunes Store（P152、153 参照）で、パスワードの代わりになります。

① ホーム画面の ⚙️ ［設定］をタップします。
② ［Face ID とパスコード］をタップします。
③ パスコード（6 桁の数字）を入力します。
④ ［Face ID をセットアップ］をタップします。
⑤ ［Face ID の設定方法］の画面が表示されるので［開始］をタップします。
⑥ 画面の指示に従ってゆっくりと顔を上下左右に動かし、顔をスキャンします。

⑦ ［最初の Face ID スキャンが完了しました。］と表示されたら［続ける］をタップします。
⑧ 同じように、画面の指示に従ってゆっくりと顔を動かします。
⑨ ［Face ID が設定されました。］と表示されたら［完了］をタップします。
⑩ 画面を下から上に押し上げて、ホーム画面に戻ります。
⑪ 本体右側のサイドボタンを軽く押します。画面が消えます。もう一度、サイドボタンを軽く押し、ロック画面を表示します。
⑫ iPhone の画面に視線を合わせると、ロックが解除されます。
⑬ ロックが解除されたら、画面を下から上に押し上げて、ホーム画面を表示します。

25

3 指紋の登録（ホームボタンのある iPhone）

ホームボタンのある iPhone では指紋認証ができます。指紋を登録すると、ホームボタンにタッチして使用する Touch ID（タッチアイディー）になります。登録した指紋はロック画面の解除にも使えます。指紋がうまく読み取れない場合も考えて、複数の指紋を登録しておきます。

① ホーム画面の ⚙ ［設定］をタップします。
② ［Touch ID とパスコード］をタップします。
③ パスコードを入力します。
④ ［指紋を追加］をタップします。
⑤ ［指を置いてください］の画面でホームボタンに触れるたびに、指紋の線が赤くなっていきます。

⑥ ［グリップを調整］の画面が表示されるので［続ける］をタップします。
⑦ ［指を置いてください］の画面で指の縁をホームボタンに触れては離す作業を繰り返します。
⑧ ［完了］の画面が表示されたら［続ける］をタップします。
⑨ 別の指紋を続けて登録するには［指紋を追加］をタップし、同様の作業を繰り返します。
⑩ ［＜設定］をタップします。
⑪ 本体のホームボタンを押してホーム画面に戻ります。
⑫ 本体右側のサイドボタンを軽く押します。画面が消えます。もう一度、サイドボタンを軽く押し、ロック画面を表示します。
⑬ 設定した指紋をホームボタンにのせます。ホーム画面が表示されます。

第2章

電話を使おう

レッスン 1 　電話をかける

iPhone には携帯電話にあるような数字のキーが見当たらないため、最初は電話をかけるのに戸惑うかもしれません。電話のかけ方・受け方も最初は慣れないかもしれませんが、便利な機能を使いこなしてみましょう。電話をかけるには電話アプリを使います。

1　キーパッドの番号を押して電話をかける

電話番号はキーパッドという数字のキーを使います。連絡先に登録してある相手であれば、発信中の画面に名前が表示されます。登録していなければ電話番号が表示されます。

① ホーム画面の [電話] をタップします。
② ［キーパッド］をタップし、数字のキーが表示されたら相手の電話番号をタップします。
③ 押し間違えた時は ✕ をタップして数字を削除します。
④ をタップして電話をかけます。
⑤ ［発信中］と表示されます。連絡先に登録してある相手の場合、名前が表示されます。電話がつながると、通話画面に通話時間が表示されます。

⑥ 通話が終わったら をタップして電話を切ります。

数字を表示したい時は ［キーパッド］

電話をかける時は緑色の受話器

電話を切る時は赤色の受話器 と覚えておきましょう。

28

2 発着信履歴から電話をかける

電話の［履歴］をタップすると発信、着信の履歴が確認できます。
赤色の文字で表示された電話番号は、電話に出ることができなかった不在着信です。

① ホーム画面の 📞 は不在着信が１件あったことを示します。タップします。
② 画面下の［履歴］をタップします。赤色の文字や電話番号が不在着信です。
③ 履歴の中から電話をかけたい相手をタップすると、電話がかけられます。

3 連絡先から電話をかける

連絡先に登録されている電話番号から相手を選択してかけることができます。

① 画面下の［連絡先］をタップし、電話をかけたい相手をタップします。
② 電話番号をタップします。
③ 発信されます。

レッスン2　電話を受ける

画面が暗くなっている時でも、電話がかかってくれば画面が切り替わります。ただし電話がかかってきても、いつでも出られるとは限りません。このような時はあらかじめ用意されたメッセージを相手の電話番号宛に送ることができます。

1　かかってきた電話を受ける

電話がかかってくると、相手の名前が連絡先に登録されていれば画面に表示されます。連絡先に登録されていない場合は、電話番号が表示されます。

① 電話がかかってくると画面の上に通知が表示されます。📞 をタップします。

② 着信の画面を下に動かすと、［あとで追加］や［メッセージを送信］が表示されます。

③ ロック画面の時に電話がかかってきたら、［スライドで応答］を右へ動かします。

④ 相手の声が聞こえ、通話ができます。

▼通常の画面の時

▼ロック画面の時

［あとで通知］
タップすると、その場所を出発したタイミングや1時間後に、自分のiPhoneに通知されます。
通知を見て、電話があったことがわかります。

▼着信中の画面

［拒否］
電話に出られない時にタップします。相手には留守番電話のメッセージが流れます。

［メッセージを送信］
タップすると、「現在電話に出られません。」など用意された文面からショートメッセージを送ることができます。なお、固定電話には送れません。

30

2 通話中の画面

通話中の画面にあるメニューは、それぞれ次の通りです。
電話を終了する時は ⌢ をタップします。

通話中でもホーム画面を表示することができます。ホーム画面になっても、通話が切れることはありません。ホーム画面の左上に表示される 15:30 通話時間をタップすると、また通話中の画面に戻ることができます。

▼通話中の画面

[消音] マイクを消音にして、通話中にこちらの声が相手に聞こえないようにできます。

[キーパッド] 数字のキーを表示します。音声ガイダンスに沿って番号を入力しなければならない時など、通話中でもタップすれば数字のキーを表示させることができます。

[スピーカー] スピーカーから相手の声が聞こえます。iPhoneを持たずに会話できます。
通話の相手の声を周りの人に聞かせたい時にも便利です。

🎎 ワンポイント 不在着信や留守番電話サービス

電話がかかってきたことに気がつかなかった場合、画面に不在着信の通知が表示されます。
相手の名前が表示されている時は連絡先に登録した相手です。電話番号しか表示されていない時は連絡先に登録していない相手で、右に動かすとそのまま相手に電話をかけられます。
また、電話に出られない時や、電源を切っていた時、電波の届かないところにいた時にかかってきた電話には、次のような各社の留守番電話サービスがあります。

▼不在着信の画面

	録音時間	保存件数	保存期間	月額	申し込み
ドコモ	最長3分	最大 20件	72時間	330円	必要
au	最長3分	最大 20件	48時間	無料	不要
ソフトバンク	最長3分	最大100件	1週間	330円	必要

※いずれも2021年10月現在

31

3 マナーモードとバイブレーション

電車の中や美術館、映画館、会議中など、呼び出し音が鳴っては困る時はマナーモードにしておきましょう。マナーモードはスイッチを切り替えるだけなのでとても簡単に設定できます。また呼び出し音とともにバイブレーション（振動）がしますが、静かな場所ではこのバイブレーションも意外と目立つものです。バイブレーションの設定方法も覚えておくとよいでしょう。

① 本体左側の［着信／サイレントスイッチ］を切り替えます。［着信／サイレントスイッチ］は左右に動かせます。オレンジ色が見えている状態が、マナーモードです。

マナーモード時でも、次の音はオフにならないので気をつけてください。

・カメラのシャッター音　・アラーム音
・タイマーの終了音　　　・音楽の再生

また、電話の呼び出し音が鳴ってもすぐに出られない時は、サイドボタンまたは音量ボタン（上下どちらでも）を一度押すと、呼び出し音が聞こえなくなります。ただし、これは電話を切っているわけではないので、場所を移動するなりして、電話を受けることができますよ。

② ホーム画面の　　　［設定］をタップします。
③ ［サウンドと触覚］をタップします。
④ 初期設定では［着信スイッチ選択時］［サイレントスイッチ選択時］ともに 🔵 オンになっています。
⑤ 確認したら［＜設定］をタップします。

・電話の呼び出し音と同時に鳴るバイブレーションを「なし」にしたい場合

［着信スイッチ選択時］を ⚪ オフにします。

・マナーモードの時のバイブレーションも「なし」にしたい場合

［サイレントスイッチ選択時］を ⚪ オフにします。

レッスン 3　連絡先の使い方

連絡先には、電話番号やメールアドレスだけでなく、住所や誕生日なども追加できます。
住所を入れておけば、連絡先からすぐに地図を表示することもできます。
よく連絡する人を[よく使う項目]に追加しておくこともできます。
単なる電話帳、アドレス帳というよりも、相手に関する連絡手段を一括で管理できる便利なアプリです。

1　［よく使う項目］への登録

よく使う連絡先は、その相手の電話番号を[よく使う項目]に追加しておきましょう。毎回履歴や連絡先の中から探すよりも簡単に電話をかけることができます。

履歴から登録する場合は、⒤ をタップしてメニューを表示します。この時「名前」や「電話番号」をタップすると、相手に電話がかかってしまうので注意してください。

① ホーム画面の 📞 ［電話］をタップします。
② ［連絡先］をタップします。よく電話をかける相手をタップします。
③ 履歴からの場合は ⒤ をタップします。
④ ［よく使う項目に追加］をタップします。
⑤ 連絡を取る手段（ここでは［電話］）をタップします。
⑥ 電話番号が複数ある場合、[よく使う項目]に追加したい相手の電話番号をタップします。

33

⑦ ［よく使う項目］をタップし、連絡を取る相手とその手段（ここでは電話）が追加された
　ことを確認します。
⑧ 相手の名前をタップすると、すぐに電話ができます。
⑨ ［よく使う項目］から削除する時は、相手の名前を左に動かして［削除］をタップします。

2　連絡先でできること

iPhone の［連絡先］でできることの一例です。連絡先に登録した情報をタップすると、
関連のあるアプリを開くことができます。

① **メッセージ**

携帯電話番号でメッセージのやり取りができます。また、Apple ID 同士でもメッセージのやり取りができます。

② **発信**

電話番号または 📞 をタップすると通話ができます。

③ **ビデオ通話**

Apple ID 同士なら無料のビデオ通話ができます。

④ **メール**

メールアドレスがあれば、メールの送受信ができます。

⑤ **自宅**

住所をタップすると地図が表示されます。

3　連絡先の新規追加

連絡先を作成してみましょう（文字入力の方法は P42 参照）。
用意された項目名（ラベル）以外のものを選ぶこともできます。ここでは項目名の［勤務先］を［携帯］に変えて、携帯電話を登録しています。

① ［連絡先］の［＋］をタップします。
② ［姓］［名］をタップし、名前を入力します。読みがカタカナで自動的に入力されます。読みが違っている時は、カタカナの読みをタップして修正します。
③ ［電話を追加］をタップします。
④ 項目名が［携帯電話］に変わります。電話番号を入力します。

⑤ もう一度［電話を追加］をタップします。項目名が［自宅］に変わります。
⑥ ［自宅］をタップします。
⑦ 別の項目名（ラベル）が選択できます。ここでは［勤務先］をタップします。
⑧ 項目名が［勤務先］に変わります。電話番号を入力します。

35

⑨ 項目を増やしすぎた場合、 をタップして［削除］をタップします。
⑩ ［メールを追加］をタップすると、［自宅］に変わります。
⑪ キーボードを切り替えてメールアドレスを入力します。

⑫ 画面を上に動かし、［住所を追加］をタップします。
⑬ キーボードを切り替えて［自宅］に住所を入力します。
⑭ ［完了］をタップします。
⑮ ［＜連絡先］をタップします。

4 既存の連絡先の編集

電話番号や住所が変わった、追加したい情報がある、などの場合は、既存の連絡先を編集することができます（ここでは自分の情報を編集しています）。

① ［連絡先］の自分の名前をタップします。
② ［編集］をタップします。
③ ［電話を追加］［メールを追加］［住所を追加］など、編集したい項目をタップして必要な情報を入力します。ここでは［誕生日を追加］をタップします。
④ 日付は表示された年月日を上下に動かして設定します。
⑤ 最後に［完了］をタップし、連絡先の編集を終了します。

36

ワンポイント　連絡先をあいうえお順に並べるには

フリガナがない連絡先は、あいうえお順には並ばずに、一番下の「#」の項目に表示されます。連絡先をあいうえお順に並べたい場合は、［編集］をタップして編集画面でフリガナを入力します。

また、あいうえお順に並べなくても、連絡先の上にある［検索］ボックスに名前の一部を入力すれば、いつでも連絡先を検索することができます。

37

5 履歴から連絡先への追加

電話をかけたり、かかってきたりした相手が連絡先に登録されていない場合、履歴に残った電話番号から連絡先に追加することができます。

① ［履歴］をタップします。
② 登録したい電話番号の ⓘ をタップします。
③ ［新規連絡先を作成］をタップします。
　連絡先に名前はあるが電話番号が登録されていない、などの場合は［既存の連絡先に追加］をタップします。
④ 姓名など必要な項目を入力し、電話番号を確認して［完了］をタップします。
⑤ 履歴から連絡先が登録されます。

6 連絡先の削除

必要がなくなった連絡先はいつでも削除できます。

① 削除したい連絡先をタップし、［編集］をタップします。
② 画面を上に動かし、一番下にある［連絡先を削除］をタップします。
③ もう一度［連絡先を削除］をタップします。

38

レッスン 4　ビデオ通話の使い方

iPhone および iPad 同士なら誰でも簡単に、しかも無料でビデオ通話の FaceTime（フェイスタイム）が楽しめます。FaceTime は最初から iPhone、iPad に追加されています。カメラもマイクも内蔵されている iPhone や iPad では、ビデオ通話をするのに特別な用意は必要ありません。最大 32 名と一緒にビデオ通話を楽しむことができます。
出かけられない時にビデオ通話で親しい人とコミュニケーションしたり、遠くに住んでいる家族や友人と顔を見て話したり、離れた場所からでも集まりに参加することができます。

1　FaceTime の設定の確認

FaceTime はインターネット回線を利用するビデオ通話なので、1 分いくらのような料金はかかりません。インターネットにつながっていれば、無料で通話できます。
iPhone の場合は携帯電話番号が FaceTime に登録されるので、すぐに利用することができます。また Apple ID を登録すると、Apple ID でも FaceTime を利用できるようになります。FaceTime の設定を確認してみましょう。

① ホーム画面の ⚙ ［設定］をタップします。
② 画面を上に動かして、［FaceTime］をタップします。
③ ［FaceTime］がオフになっていたら ⬜ オフをタップして 🔵 オンにします。
④ ［Apple ID サインイン］が表示されたら Apple ID とパスワードを入力し、［サインイン］をタップします。
⑤ 確認したら［＜設定］をタップします。

2　ビデオ通話をかける、受ける

お互いが iPhone なら、FaceTime ができる相手には連絡先に 📹 が表示され、タップするだけですぐにビデオ通話の画面に切り替わります。
タブレット端末の iPad と iPhone の間でも FaceTime を利用することができます。iPhone を持っている人とは携帯電話番号を、iPad を持っている人とは Apple ID を交換しておくとよいでしょう。FaceTime が使えるのは、次の端末です。

・iPhone（2010 年発売の iPhone 4 以降）
・iPad（2011 年発売の iPad 2 以降）および iPad mini
・iPod touch（2010 年発売の第 4 世代以降）

① ホーム画面の ［電話］をタップします。
② ［連絡先］からビデオ通話をしたい相手をタップし、 ［FaceTime］をタップします。
③ 画面に名前が表示されます。
④ 相手がビデオ通話に出ると相手の顔が表示され、ビデオ通話ができます。
⑤ ［終了］をタップすると、ビデオ通話が終了します。

▼ビデオ通話をかける場合

⑥ ロック画面の時にビデオ通話がかかってきたら、［スライドで応答］を右へ動かします。

⑦ ロック画面以外の時にビデオ通話がかかってきたら、画面上部に表示される をタップするか、画面上部の通知を下に動かして をタップすると、ビデオ通話が受けられます。

▼ビデオ通話がかかってきた場合

ロック画面の時

ロック画面以外の時

40

第3章

インターネットで
情報を調べよう

レッスン 1　文字の入力方法

iPhone で文字を入力してみましょう。iPhone には最初からキーボードが表示されていませんが、文字を入力できる場面になると自動的にキーボードが表示されます。また、スマートフォン独自の入力方法のフリック入力にもチャレンジしてみましょう。

1　キーボードの種類

iPhone には日本語を入力するための日本語かな、英語を入力するための English（Japan）、絵文字を入力する絵文字のキーボードがあります。ローマ字入力に慣れた人には、日本語ローマ字のキーボードもあります。また、設定次第でキーボードを追加することができます。まず、キーボードの種類を確認しましょう。

① ホーム画面の ［メモ］をタップします。
② ［ようこそ"メモ"へ］と表示されたら［続ける］をタップします。
③ をタップします。別のメモがすでにある時は［メモ］をタップし、 をタップします。
④ キーボードは をタップするたびに種類が切り替わります。
⑤ キーボードの切り替えのメッセージが表示されたら［続ける］をタップします。

［新規フォルダ］をタップすると、メモを入れる入れ物（フォルダ）が作成されます。
新規のメモを作りたい時は をタップしましょう。

42

■ ［日本語かな］キーボード

［日本語かな］キーボードは、「あかさたな」のキーが並んだキーボードです。
アルファベットを入力するには ABC 、数字を入力するには ☆123 、ひらがなを入力するには あいう のキーをタップして文字の種類を切り替えます。

■ ［English（Japan）］キーボード

［English（Japan）］キーボードは、英語の入力できる状態です。［space］というキーがあります。入力した最初の文字が大文字で表示されるようになっています。途中で大文字を入力したい時は ⬆ を押したまま入力します。

すべて大文字で入力したい時は ⬆ を2回タップして ⬆ にしてから入力します。
123 #+= ABC のキーをタップすると、数字、記号、アルファベットに切り替えられます。

■ ［日本語ローマ字］キーボード

［日本語ローマ字］キーボードは、パソコンの文字入力に慣れている方にお勧めです。［English（Japan）］キーボードと似ていますが、［空白］や［改行］というキーがあります。［日本語ローマ字］キーボードを追加する方法は次の通りです。

① を長めに押します。
② ［キーボード設定］をタップします。
③ ［キーボード］をタップします。
④ ［新しいキーボードを追加］をタップします。
⑤ ［日本語］をタップします。
⑥ ［ローマ字入力］をタップし、［完了］をタップします。
⑦ キーボードを追加したら、左上の［＜キーボード］→ ［＜一般］→［＜設定］の順にタップして、［設定］の画面に戻ります。
⑧ ホーム画面の［メモ］をタップし、 をタップして［日本語ローマ字］キーボードが追加されたことを確認します。

123 #+= あいう のキーをタップすると、数字、記号、アルファベットに切り替えられます。

■ ［絵文字］キーボード

を長めに押して［絵文字］キーボードに切り替えると、メールやメッセージなどに使用する絵文字が入力できます。左に動かすと、絵文字の一覧を表示できます。絵文字は、受け取った相手によっては正確に表示されないことがあります。

をタップして、キーボードを切り替えます。

2 声での入力

キーボードから入力する代わりに音声入力を利用してみましょう。音声入力を利用する時は、日本語の入力できる状態（［日本語かな］キーボードまたは［日本語ローマ字］キーボード）にしておきます。また、インターネットに接続できない場所などでは音声入力を利用することはできません。

iPhone の音声入力は、ある程度長い文章を話しても上手に変換してくれます。

音声入力する時のポイントは次の通りです。

> ・ ［日本語かな］または［日本語ローマ字］のキーボードの状態にします。
>
> ・ 🎤 をタップしたら、すぐに話しかけましょう。
>
> ・ 声を張り上げたり、極端にゆっくり話さなくても大丈夫です。
> いつもの会話のような声の大きさとスピードで話しかけましょう。
>
> ・ 入力が終わったら、すぐに画面をタップして音声入力を終了します。

① 🎤 をタップします。［音声入力を有効にしますか？］と表示されたら［音声入力を有効にする］をタップします。［Siri と音声入力の改善］と表示されたら［今はしない］をタップします。
② 波形のような線が表示されます。すぐに iPhone に「京都 4 大行事」と話しかけます。
③ 話しかけた言葉が入力されます。メモの画面をタップして音声入力を終了します。
④ 話した通りに入力されたことを確認したらキーボードの［改行］をタップします。

⑤ もう一度 をタップします。

⑥ 波形のような線が表示されます。すぐに「祇園祭　改行　大文字焼き　改行　葵祭　改行　時代祭　改行」と話しかけます。

⑦ メモの画面をタップして音声入力を終了します。話した通りに入力されたことを確認します。

⑧ ［完了］をタップします。

ワンポイント　入力したメモのタイトル

メモの1行目に入力したものはタイトルになります。タイトルはメモ一覧に表示されるので、メモの内容を表すものを入力しておくとよいでしょう。

練習　次の内容を音声入力してみましょう。

新規メモを開き、「、」は「てん」、「。」は「まる」と言って入力します。改行したい時は「かいぎょう」と言います。

1　「音声入力の練習」
2　「大野さんこんにちは、増田です。」
3　「百貨店の北海道フェアでバターサンドを買いました。」
4　「今度お会いするときにプレゼントしたいと思っています。」
5　「二宮さんの自治会費は今月末までに集金してください。」
6　「大野さんオススメの相葉寿司店の電話番号を教えてください。」
7　「来月、県立松本病院の桜井先生の講演に行きます。」
8　「他のメンバーにお会いになったら、いつでもお帰りをお待ちしておりますとお伝えください。皆様にお会いできる日を楽しみにしております。健康に気をつけてお過ごしください。」

46

ワンポイント　入力した文字を訂正するには

入力した文字の一部分を削除するには、消したい文字の後ろに、文字入力のための縦棒（カーソル）を移動します。⟨×⟩ をタップするたびに 1 文字ずつ削除されます。

削除したい文字のそばを軽くタップすると、その場所に縦棒が移動します。

また、削除したい文字のそばを少し長めに触れ、そのまま指を離さないように動かして目的の場所に縦棒を移動することもできます。

文字は縦棒のある場所に入力されます。⟨×⟩ をタップして文字を削除し、新しく文字を入力しなおします。

ワンポイント　入力した文字を再変換するには

入力を確定した文字を訂正したい時は、入力し直さず再変換してみましょう。
対象となる文字を素早く 2 回タップすると、単語単位で選択できます。

① 変換し直したい単語を、素早く 2 回タップします。単語単位で選択されます。
② 上手に選択できない場合は、前後の ● を動かして選択します。
③ キーボードの上に別の変換候補が表示されます。タップすると、その変換候補で確定されます。

素早く3回タップすると、段落単位で選択できます。

3 ［日本語かな］キーボードを使った文字の入力

ひらがなが表示される［日本語かな］キーボードを使って、文字を入力してみましょう。
文字を入力したら、キーボードの上に表示される変換候補をよく見てみましょう。

① ［日本語かな］キーボードの状態で「あなた」と入力します。入力を間違えた時は
   をタップすると、1 文字ずつ削除できます。
② キーボードの［確定］をタップします。ひらがなのまま文字が確定されます。
③ キーボードの［空白］をタップします。1 文字分の空白が挿入されます。
④ 「なら」と入力します。
⑤ キーボードの上に表示される変換候補の中から「奈良」をタップします。
   文字が確定されます。

⑥ キーボードの［空白］をタップします。1 文字分の空白が挿入されます。

練 習 次の文字を入力してみましょう。

1 袴（はかま）	2 柔（やわら）	3 山々（やまやま）
4 刀（かたな）	5 安宅（あたか）	6 朝霞（あさか）
7 芦原（あわら）	8 酒田（さかた）	9 佐原（さわら）
10 八坂（やさか）	11 谷中（やなか）	12 花輪（はなわ）
13 塙（はなわ）	14 田原（たわら）	15 俵（たわら）
16 明石（あかし）	17 証（あかし）	18 赤坂（あかさか）
19 笠原（かさはら）	20 澤山（さわやま）	21 山中（やまなか）
22 偶さか（たまさか）	23 浅はか（あさはか）	24 柔か（やわらか）

48

4 フリック入力を使った文字の入力

スマートフォン独自の入力方法をフリック入力といいます。携帯電話のように何度もキーを押して目的の文字を入力する方法ではなく、文字のボタンを上下左右にずらしながら入力します。例えば「お」という文字を入力する場合、携帯電話では、「あ」を何度も押して「お」を入力しますが、フリック入力は「あ」から「お」に指を滑らせる感じで入力します。
フリック（flick）とは「素早く動かす、弾く」という意味です。

① 「上野」と入力します。「あ」に触れたままにします。「あ」の周囲に「い」「う」「え」「お」が表示されます。
② 指を上に動かし、「う」が青色になったら指を離します。
③ 「あ」に触れたままにします。文字が表示されたら指を右に動かし、「え」が青色になったら指を離します。
④ 「な」に触れたままにします。文字が表示されたら指を下に動かし、「の」が青色になったら指を離します。
⑤ 変換候補の中から「上野」をタップします。

「ゃゅょ」などの拗音、促音の「っ」、「がぎぐげご」などの濁音、「ぱぴぷぺぽ」などの半濁音を入力したい場合は、もとになる文字を入力した後で ｢小 ゛゜｣ をタップします。

「つ」→ 小 →「っ」→ 小 →「づ」　　「は」→ 小 →「ば」→ 小 →「ぱ」

 練 習　次の文字を入力してみましょう。

1 秋田	2 福井	3 長野	4 静岡	5 鹿児島	6 神奈川
7 兵庫	8 京都	9 東京	10 九州	11 北海道	12 日本列島

5 変換候補を使った入力

人名などの何通りもの書き方があるものは、変換候補の中から該当するものを選ぶことができます。カタカナの変換も、変換候補の中から選択します。

学習機能により、よく入力するものは選択肢の最初に表示されるようになります。予測入力を使えば文字入力が楽になります。

また、一度入力したものは変換候補に表示されるようになっています。漢字・ひらがな・カタカナ・英語などが混じった文章の入力でも、毎回文字の種類を切り替えずに、キーボードの上に表示される変換候補から選択することができます。文字を入力する時は、利用できるものがないかどうか、キーボードの上をよく確認してみましょう。

① 「さとし」と入力します。
② 変換候補が表示されます。 ∨ をタップすると、さらに表示されます。変換候補の中から該当するものをタップして入力します。
③ ∧ をタップすると、キーボードが表示されます。
④ 何度か入力した言葉は、最後まで入力しなくても、変換候補に表示されるようになります。

⑤ 「どらま」と入力すると、変換候補にカタカナが表示されます。
⑥ 入力中でも、変換候補の中に該当するものが表示された場合にはタップします。

50

ワンポイント かぎかっこ、句読点、数字を入力するには

かぎかっこは「や」のキーの左右に用意されています。「や」を左に動かすと「かぎかっこ」が、「や」を右に動かすと「閉じかっこ」が入力できます。
かぎかっこを入力すると、キーボードの上に表示される変換候補に、ほかの種類のかっこが表示されます。

｀。?! をタップすると「、（読点）」、左に動かすと「。（句点）」、右に動かすと「！」、上に動かすと「？」が入力できます。

数字を入力する時は ABC や ☆123 をタップして文字の種類を切り替えます。
日付や時刻を入力したい時は、3桁や4桁の数字をそのまま入力します。時刻や日付の変換候補が表示されます。漢数字も数字のまま入力し、変換候補の中から漢数字のものを選びます。

∨ をタップすると、ほかの変換候補が表示されます。該当するものをタップすると入力できます。

51

練習 次の文字を入力してみましょう。

かぎかっこ以外のかっこは、「や」のキーの左右にある「 」を入力すると、変換候補として表示されます。「!」「?」は句読点のキーに触れていると表示されます。「★」は「ほし」、「♪」は「おんぷ」と入力します。

1 「今日は何時に帰りますか?」「夜の12時過ぎると思います!」「本当ですか!?」
2 1月1日(土)は親戚一同で、リモート新年会をする予定です。
3 10時半に京都に到着。11時50分にウェスティンホテルでミーティングです。
4 サンセットクルーズとディナーショーがパックになったツアーで68,980円です。
5 ルーブル美術館で行われたファッションショーのモデルはGoodでした。
6 Apple社の製品では、iPad、iPhone、AirPods(イヤフォン)を持っています。
7 京都の祇園祭「山鉾巡行」は9:00に出発です。★時間厳守★です。
8 彼の誕生日は11月26日で、今年で≪41歳≫になりますよ♪

6 [日本語ローマ字] キーボードを使った文字の入力

[日本語ローマ字]キーボードを使って文字を入力してみましょう。

① 🌐 をタップし、キーボードを[日本語ローマ字]の状態にします。キーボードに[空白]が表示されているのが[日本語ローマ字]キーボードです。
② 「arashi」(あらし)と入力します。
③ 入力するたびにキーボードの上に変換候補が表示されます。変換候補の中から「嵐」をタップします。
④ 文字が確定されます。

レッスン 2　Web ページで情報検索

いつでも、どこでも、調べたい時にインターネットが使えるのはとても便利です。
iPhone はいつも手元にあるので、思い立った時にすぐ検索ができます。キーワードを
入力して情報を調べてみましょう。

1　Web ページの検索

iPhone の Web ページの入口は Safari（サファリ）です。［検索］ボックスに調べたい
キーワードを入力して Web ページを検索します。ここでは「パソコムプラザ」というキー
ワードを使ってページ（筆者の教室）を検索してみましょう。

> ・ 検索結果が表示されたら、店舗などなら「ウェブサイト」「公式」などの文字を
>   タップするか、青くなっている文字をタップして、該当のページを閲覧します。
> ・ 検索結果の上部には広告が表示されることが多いので、画面を動かして
>   目的のWebページを見つけます。

① ホーム画面の 　　　　［Safari］をタップします。
② 日本語が入力できる状態で、画面下の ［検索／Web サイト名入力］ という欄をタップします。
③ キーボードが表示されます。「ぱそこむぷらざ」と入力します。
④ 表示された「パソコムプラザ」をタップします。位置情報の利用を問うメッセージが表示されたら ［許可］ をタップします。
⑤ 検索結果が表示されます。画面を動かし、「パソコムプラザ」の「ウェブサイト」をタップします。Web ページが表示されます。

2 Webページの見方

表示された Web ページにはさまざまな情報が掲載されています。画面を上方向に動かしたり、拡大したりしながら、Web ページを見てみましょう。

① 画面を上に動かすと、表示されていない部分の内容を見ることができます。
② 読みたい見出しやメニューをタップすると、その Web ページが表示されます。
③ 指で広げると、拡大して読めます（拡大できない Web ページもあります）。

④ 前の Web ページに戻りたい時は ｜＜｜ 、進みたい時は ｜＞｜ をタップします。
　　ボタンが表示されない時は、画面を軽く下に動かすと表示されます。

⑤ 次のキーワードを入力するには［検索］ボックスをタップします。［検索］ボックスが見当たらない場合は、画面を軽く下に動かすと表示されます。

⑥ ［検索］ボックスに入力されている文字は、 ⊗ をタップして削除します。

⑦ キーワードを入力したらキーボードの［開く］をタップします。

54

次のキーワードを入力し、Webページを検索してみましょう。地図などの表示されるWebページを閲覧しようとした場合、許可を求めるメッセージが表示されることがあります。その場合は、[許可]や[OK]をタップします。

1	豆腐レシピ	5	紅白歌合戦	9	365日の花言葉
2	飾り寿司の作り方	6	今年のベストセラー	10	日本の絶景
3	瀬戸大橋の長さ	7	日本の名旅館	11	世界の美しい景色
4	東京から軽井沢	8	1989年ヒット曲	12	世界遺産

3 URLを入力してWebページを表示

Webページには1つ1つ、住所に当たる URL（ユーアールエル）というものがあります。現在では名刺や印刷物、チラシ、商品のパッケージなどさまざまなものに URL が印刷されています。キーワードで検索し、たくさんの Web ページから該当するものを見つけるのと違って、URL を正確に入力すれば、その Web ページを直接表示させることができます。なお、「http://」や「https://」の入力は省略できます。

URL には漢字やひらがなは使われていないので、日本語入力はオフの状態で、アルファベットや数字のキーボードを使います。ここでは、「masudayuki.com」と入力して表示される Web ページ（筆者のブログ）を見てみましょう。

① 画面下の［検索］ボックスをタップし、✕をタップして入力されている文字を削除します。

② 🌐をタップし、［English（US）］キーボードにします。「masudayuki.com」と入力します。

③ キーボードの［go］をタップします。

④ 該当する Web ページ（グーなキモチ！）が表示されます。

レッスン3　Safariの便利な機能

インターネットは情報の宝庫です。閲覧したWebページをまたすぐに読めるようにお気に入りに追加したり、見やすく文字を大きくしたり、よく見るページをホーム画面に追加したりして、Safariを便利に使ってみましょう。

1　お気に入りへ追加

後でゆっくり見たいWebページ、よく見るWebページなどがあったら、その都度検索していては面倒です。
気に入ったWebページは、本にしおりをはさむ感覚で登録しておくことができます。
Webページを登録しておける場所は、お気に入りとブックマークの2つから選択できます。
Webページをお気に入りに登録する時は、検索結果の一覧ではなく、該当するWebページを画面に開いてから　をタップします。

① お気に入りに追加したいWebページを開き、画面下の　をタップします。
② ［お気に入りに追加］をタップします。
③ お気に入りに追加される時の名前を確認し、［保存］をタップします。
④ 同様にしていくつかのWebページを［お気に入り］に追加します。
　　例）・ お住まいの市町村のWebページ
　　　　・ かかりつけの病院のWebページ
　　　　・ お気に入りのお店のWebページ
　　　　・ ご家族の会社や学校などのWebページ

⑤ 画面下の ［ブックマーク］
をタップします。［お気に入り］が
表示されます。表示されていない
時は［お気に入り］をタップしま
す。

⑥ ［お気に入り］に追加した Web
ページが確認できます。タップする
と、そのWebページが表示されま
す。

お気に入りに入れる時は⬆️
お気に入りを見る時は📖
ですね。

2 追加した Web ページの削除

［お気に入り］に追加した Web ページは次の手順で削除することができます。

① 画面下の ［ブックマー
ク］をタップします。
② ［お気に入り］の一覧が表
示されている状態で、削除し
たい Web ページのタイトルを
左に動かします。
③ 表示された［削除］をタップ
します。
④ ［完了］をタップします。

ワンポイント　ブックマークとお気に入りの違い

後からまた見たい Web ページは［ブックマーク］と［お気に入り］に追加できます。
［ブックマーク］という大きなくくりの中に［お気に入り］があると思ってください。
また、右図のように［お気に入り］に追加したWeb ページは［検索］ボックスをタップすると、すぐその上に表示されます。
素早く目的のページを見たい時は、［お気に入り］に追加しておくと便利です。

3　Webページの文字サイズの変更

画面を指で広げれば大きくすることができますが、メニューを使えば画面を拡大せずに、文字の大きさだけを変更することができます。

① 画面左下の［ぁあ］をタップします。
② 右の［あ］をタップしていくと、パーセントの数字が大きくなり、文字が大きくなります。
③ 文字が大きくなったら、画面左下の［ぁあ］をタップします。
④ パーセントの数字をタップすると、100%の表示に戻ります。

4 Webページの履歴の利用

閲覧した Web ページは履歴として残っています。検索したページを保存し忘れた場合、最初から探すのは大変ですが、履歴を使えばそのページを簡単に見つけることができます。
履歴を残しておきたくない場合は、特定のページを削除したり、一定期間内の履歴を一度に削除したりできます。

① 画面下の 📖 ［ブックマーク］をタップします。
② 🕐 ［履歴］をタップします。
③ Web ページの履歴が表示されます。画面を上に動かし、［履歴］の中から見たいページをタップすると、Web ページが表示されます。
④ 履歴の一覧から削除したい履歴のタイトルを左に動かし、［削除］をタップします。
⑤ ［完了］をタップします。

履歴を1つずつ削除するのが大変な時は、履歴の左下の［消去］をタップしましょう。
「すべて」「今日と昨日」「今日」「直近1時間」という単位で、まとめて削除できますよ。
終わったら［完了］をタップしましょう。

5 ホーム画面への Web ページの追加と削除

頻繁に見る Web ページは、ホーム画面にアイコンとして追加できます。Safari を開かなくても、ホーム画面にあるアイコンをタップするだけで、いつでも見たい時にそのページを表示することができます。

① ホーム画面に追加したい Web ページを表示し（ここでは著者の教室を表示しています）、画面下の ⬆ をタップします。

② 画面を上に動かし［ホーム画面に追加］をタップします。
③ ［ホーム画面に追加］の画面が表示されたら、Web ページの名前を確認し、［追加］をタップします。
④ 自動的にホーム画面に切り替わります。ホーム画面に Web ページのアイコンが追加されています。アイコンをタップすると、Web ページが表示されます。

⑤ 同様にして、いくつかの Web ページをホーム画面に追加します。
⑥ ホーム画面に追加したアイコンに長めに触れます。
⑦ ［ブックマークを削除］をタップします。
⑧ ［ブックマークを削除］と表示されたら［削除］をタップします。アイコンが削除されます。

> ❗ iPhone 本体下部に丸いホームボタンのある iPhone の場合、ホームボタンを押すとアイコンの揺れが止まります。

60

6 複数の Web ページを閉じる

Web ページを次から次へと開いていると、知らない間に重なって表示されていることがあります。例えば検索した Web ページの中にあるタイトルをタップし、別のページを表示した後に、[<]をタップして戻ろうとしても戻れなくなっていることがあります。

このような時は画面右下にあるボタンを使って、探しているページが後ろに隠れていないかどうか確認できます。

また、開いたままになっている複数の Web ページは、1つずつ閉じることも、一度に閉じることもできます。

ページを見終わるたびに閉じる必要はありませんが、多くのページを開いてしまっている時は、次のようにして閉じておくとよいでしょう。

① 画面下の ▢▢ をタップします。
② 重なって開いたままになっている Web ページが縮小表示されます。タップした Web ページは大きく表示することができます。
③ 縮小表示された Web ページの右上の［×］をタップすると、開いている Web ページを1つずつ閉じることができます。
④ ［完了］をタップし、元の画面に戻ります。

⑤ 画面下の を長く押します。
⑥ ［XX 個のタブをすべてを閉じる］をタップします。
⑦ ［XX 個のタブをすべてを閉じる］をタップします。
⑧ ［自動的にタブを閉じますか？］と表示されたら［自動的に閉じない］をタップします。
⑨ 開いていた Web ページがすべて閉じられます。

ワンポイント　プライベートブラウズモード

検索した履歴を残したくない時には、プライベートブラウズモードにするとよいでしょう。
プライベートブラウズモードで検索した Web ページは、履歴には残りません。

画面右下の を長めに押し、［プライベート］をタップします。元に戻すには を長めに押し［X 個のタブ］をタップします。

プライベートブラウズモード時は［検索］ボックスは黒色です。

第4章

メールやメッセージを送ろう

レッスン１　メールの送受信

iPhone にはメールとメッセージがあります。相手がメールアドレスを持っていれば、誰にでもメールを送ることができます。文字数の制限がないので長文を書くことができます。また写真などのデータを送る時に利用すると便利です。
相手の携帯電話番号しか知らない場合は、メッセージを使ってやり取りができます。

1　メールとメッセージの違いについて

iPhone にはメールと　　　メッセージの２つのアプリがあります。

メールは、メールアドレス宛に送るものです。メールアドレスには必ず「＠」が入ります。長い文章を書くことができ、写真などを添えて送ることができます。メールアドレスには大きく分けて、次の 3 種類があります。携帯電話会社が提供するメールアドレスは、キャリアメールや携帯メールなどと呼ばれます。
メッセージは、携帯電話番号や Apple ID 宛に送るものです。契約している携帯電話会社や、相手が使っているスマートフォンによって、入力できる文字数に違いがあったり、写真を同時に送れるかどうか、絵文字を使えるかなども変わってきます。

メール 	■ **主な携帯電話会社が提供するメールアドレス（キャリアメール）** 　ドコモの場合　　　　：XXXXXX@docomo.ne.jp 　au の場合　　　　　：XXXXXX@ezweb.ne.jp 　ソフトバンクの場合：XXXXXX@softbank.ne.jp 　　　　　　　　　　　XXXXXX@i.softbank.jp 　従来の携帯電話から機種変更して iPhone にした場合、携帯電話会社を変更していなければ、メールアドレスを引き続き使用できます。 　au の場合、XXXXXX@ezweb.ne.jp をメールかメッセージのどちらかのアプリで使うかを決めることできます。 ■ **契約しているインターネット接続会社（プロバイダ）が提供する** 　メールアドレス（nifty、OCN など） 　例）XXXXXX@nifty.com 　　　XXXXXX@ocn.ne.jp 　パソコンを利用している場合、このメールアドレスを設定していることが多いと思います。 　携帯電話会社で設定してもらうか、各プロバイダの提供する情報を見ながらメールの設定をすれば、iPhone でも利用することができます。 ■ **自分で取得する無料のメールアドレス**（Gmail、Yahoo メールなど） 　例）XXXXXX@gmail.com 　　　XXXXXX@yahoo.co.jp 　自分で好きなメールアドレスを作ることができます。例えばP137で作成する Google アカウントは、Gmail として使用できます。パスワードがわかっていれば、iPhone に簡単に設定できます。

メッセージは、携帯電話番号や Apple ID 宛に送るものです。
携帯電話番号さえ知っていれば送ることができるので、手軽に利用できます。

メッセージ 	■SMS（ショートメッセージサービス） 携帯電話の番号（080-XXXX-XXXX など）でメッセージがやり取りできるものを SMS といいます。 契約している携帯電話会社が違っても、携帯電話番号宛てに 670 文字までの文章を送信できるサービスです。 SMS はキャリアメール同様、携帯電話会社が提供するサービスです。
	■iMessage（アイメッセージ） Apple 社が独自に提供するサービスです。 iPhone や iPad などの Apple 製品を持っている相手であれば、Apple ID（P20 参照）を使ってメッセージのやり取りができます。 携帯電話番号やメールアドレスを iMessage に登録して使うこともできます。Apple 製品同士なら、iMessage を使って写真、動画などを送ることができます。

メールは１通ずつ開き、そのメールに対して返信をしていきます。
メールを送るには、相手のメールアドレスが必要で、一文字でも間違えると届きません。またメールを送る場合、件名が必要です。

メッセージは、右からの吹き出しが自分、左からの吹き出しが相手からのものです。メッセージは相手の携帯電話番号を知っていれば送れます。メッセージには件名は必要ありません。

▼メール

▼メッセージ

2 メールの画面の確認

ホーム画面の ✉️ ［メール］をタップして、メールの画面を確認しましょう。
メールプライバシー保護の画面が表示されたら［"メール"でのアクティビティを保護］を
タップして、［続ける］をタップします。

最初は表示されていなくても、メールを下書きに保存したり、削除したりすると表示される
メニューがあります。

① 受信メール一覧です。未読のメールには ● が表示されます。読みたいメールをタップする
　　と、メールの本文が表示されます。
② 受信メール一覧から選んだメールの本文が表示されます。
③ ［新規メッセージ］ ：タップすると、メールを新しく作成できます。
④ ↩ ：タップすると、［返信］［転送］が選択できます。
　　　・［返信］はメールの差出人に返信することができます。
　　　・［転送］はそのメールをほかの人に再送信できます。
⑤ 🗑 ［ゴミ箱］ ：メールを選択して 🗑 をタップすると、メールを削除できます。
⑥ メール本文の上にある［＜］をタップすると、受信メール一覧になります。
⑦ ［＜戻る］をタップすると、［メールボックス］が確認できます。
⑧ ［メールボックス］
　　　・［受信］をタップすると、受信メール一覧になります。
　　　・［下書き］をタップすると、書きかけでまだ送信していないメールなどを確認できます。
　　　・［送信済み］をタップすると、自分が送信したメールを確認できます。
　　　・［ゴミ箱］をタップすると、削除したメールが確認できます。

3 メールを送る

メールの画面を確認したら、メールを書いて送ってみましょう。
メールには「宛先」と「件名」が必要です。宛先は直接メールアドレスを入力するほか、連絡先から選ぶことができます。

① 画面下の [✎] をタップします。
② ［新規メッセージ］の画面が表示されます。［宛先］を入力します。[＋] をタップすると、連絡先から選択できます。

③ 表示された連絡先から送りたい相手をタップします。メールアドレスが複数ある相手の場合、送りたいメールアドレスをタップします。［宛先］に選択した相手が表示されます。
④ 宛先欄にメールアドレスの一部を入力すると、該当するメールアドレスなどが一覧表示されます。

⑤ ［件名］にメールの件名を入力します。
⑥ 本文内をタップして本文を入力します。［iPhone から送信］という署名が挿入されています。
⑦ をタップします。メールが送信されます。
⑧ 受信メール一覧に戻ります。

ワンポイント 送信したメールの確認と書きかけのメールの保存

送信したメールは、次のようにして確認できます。ただし、「こちらから、いつ送信したか」ということが確認できるだけで、「送信済み」となっていても必ず相手が受信しているわけではありません。もし相手に届いていない場合は、メールアドレスなどが間違っていないかどうかを確認します。

① 受信メール一覧の［＜戻る］をタップします。
② メールボックスの［送信済み］をタップします。送信したメールが確認できます。
③ 送信済みのメールを確認したら、［＜戻る］をタップします。
④ メールボックスの［受信］をタップします。受信メール一覧に戻ります。

68

メールを書き終わらなかった時、後で続きを書く時などは、メールを下書きに保存しておきます。

① 書きかけのメールで［キャンセル］をタップすると、［下書きを削除］［下書きを保存］と表示されます。
② ［下書きを保存］をタップします。
③ 受信メール一覧の［＜戻る］をタップします。
④ ［下書き］をタップすると、［下書き］に保存されたメールが表示されます。そのメールをタップすると続きを入力することができます。

4 メールを受け取る

新しいメールがあると、次のように表示されます。
ホーム画面の［メール］の ① や受信メール一覧の ● は未読のメールがあることを表しています。
赤色の丸数字は未読メールの数です。これらはメールを読むと非表示になります。

新しいメールがあると、赤色の丸の中に数字が表示されます。

新しいメールがあると、受信メール一覧に ● が表示されます。
タップすると、メールの内容が表示されます。

5 メールの返信

返信機能を使えば、メールアドレスの入力をしなくても簡単にメールの返事が書けます。

① 受信メールの をタップします。
② ［返信］をタップします。
③ ［宛先］がすでに入力されたメールが表示されます。
　［件名］には返信を表す「Re：」が付いています。
④ 本文を入力し、⬆ をタップして送信します。

6 写真付きメールを送る

写真や作成した文書などを添えてメールを送ることを添付といいます。ここでは、メールに写真を１枚付けて送ります。写真のデータサイズが大きいと相手が受け取れない場合がありますが、iPhone では送信する時に写真のデータサイズを小さく調整できます。

① メールの宛先、件名、本文を入力します。

② をタップします。

③ ［最近の写真］が表示されます。画面を上に動かすと、ほかの写真を見ることができます。探している写真が見つからない時は［すべての写真］をタップします。

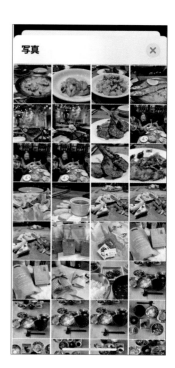

70

④ 添付したい写真をタップします。写真に✓が付いたら右上の［×］をタップします。写真が大きく表示された場合は［選択］をタップします。

⑤ メール本文中に写真が表示されます。⬆をタップします。

⑥ 写真のサイズ選択の画面が表示されます。いずれかのサイズをタップすると、メールが送信されます。

手順②～④を繰り返せば、複数枚の写真を同時に送ることができます。

ただし、iPhoneで撮影した写真は高画質なので、データサイズも大きくなります。送る相手によっては受け取れない場合もあるので気をつけましょう。

撮影した動画も、写真と同様の手順で送れますが、長くても数分程度の動画にしておきましょう。あまり長い動画は送れなかったり、相手が受け取れなかったりします。

7　受け取ったメールに添付された写真の保存

写真付きのメールを受け取った場合、次のように表示されます。メールを開けばいつでも写真は見られますが、iPhoneの［写真］に保存しておくこともできます。

① 受信メール一覧で 📎 が付いて表示されるものが、添付のあるメールです。
② メールをタップすると、添付された写真が表示されます。表示されない場合はタップしてダウンロードします。
③ 添付された写真を保存したい時は、写真に長めに触れます。
④ ［画像を保存］をタップします。添付された写真が複数の場合、［XX 枚の画像を保存］をタップすれば同時に保存できます。
⑤ 保存した写真は、ホーム画面の 🌸 をタップすると確認できます。

動画付きのメールをタップすると、［タップしてダウンロード］と表示されます。［ダウンロード中］と表示されたら少し待ってから［ビデオ.MOV］をタップします。▶をタップすると動画が再生されます。

横向きで撮影された動画は iPhone を横にすると、大きく見ることができます。

  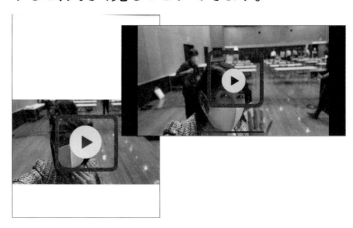

8 メールの転送

メールをそのまま別の誰かに送ることを転送といいます。

受信したメールをほかの人にも見せたい時、関係者に内容を確認してほしい時、参考までにメールを見てほしい時、添付されている写真や文書をそのままほかの人に送りたい時などに利用するとよいでしょう。メールの本文は必要に応じて書き加えられます。

① 受信したメールの ⤺ をタップします。
② ［転送］をタップします。
③ 写真などが添付されていた場合、［元のメッセージの添付ファイルを含めますか？］と表示されます。［含める］をタップします。
④ ［件名］がすでに入力されたメールが表示されます。［件名］には転送を表す「Fwd：」が付いています。
⑤ 宛先を指定し、必要に応じて本文を書き加え、↑ をタップします。

9　メールに目印を付ける、メールの削除

大事なメールや後で見返したいメールにはフラグ（目印）を付けておくことができます。フラグを付けておけば、探したいメールを簡単に見つけることができます。
また、必要のないメールが多くて煩わしい場合には簡単に削除できます。

① 受信メール一覧で、フラグを付けたいメールをゆっくり左に動かし、［フラグ］をタップします。
② 受信メール一覧のメールに ▶ が付きます。
③ 削除したいメールをゆっくり左に動かし、［ゴミ箱］をタップします。メールが削除されます。早く動かすと［ゴミ箱］が表示されずそのままメールが削除されます。

間違って［ゴミ箱］に捨ててしまったメールは、次の手順で［受信］に戻せます。

① ［メールボックス］の［ゴミ箱］をタップします。
② 元に戻したいメールをタップし、📁 をタップします。
③ 移動先のメールボックスとして［受信］をタップします。
④ ［＜戻る］をタップします。

10 署名の編集

初期設定では、「iPhone から送信」となっている署名に、自分の名前を追加することもできます。署名を設定すれば、メールを作成するたびに、本文内に自分の名前が自動的に表示されます。署名は自由に編集できるので、名前だけでなくメールアドレスなどを入力しておくこともできます。

① ホーム画面の [設定] をタップします。
② 画面を上に動かして、［メール］をタップします。
③ 画面を上に動かして、［署名］をタップします。
④ ［iPhone から送信］の右端をタップし、キーボードの［改行］をタップします。2行目に名前を入力します。
⑤ ホーム画面に戻り、ホーム画面の [メール] をタップし、 をタップします。
⑥ ［新規メッセージ］の画面を表示し、署名が変更されていることを確認します。
⑦ ［キャンセル］をタップします。

11　［メール］へのメールアドレスの設定

Gmail や Yahoo メールなどは、「メールアドレス」と「パスワード」を設定すればすぐにiPhone でメールのやり取りができるようになります。
ここではP137で作成するGoogleアカウントを、Gmail（XXX@gmail.com）というメールアドレスとして設定する手順を紹介します。

① ホーム画面の ［設定］をタップします。
② ［メール］をタップします。
③ ［アカウント］をタップします。
④ ［アカウントを追加］をタップします。

⑤ 追加したいアカウントの種類をタップして（ここでは Google）、画面の指示に従いメールアドレスとパスワードを入力して設定します。
⑥ ［"設定"がサインインのために"google.com"を使用しようとしています。］と表示されたら［続ける］をタップします。
⑦ ［ログイン］の画面で、Gmail のアドレスを入力し、［次へ］をタップします。
⑧ パスワードを入力し、［次へ］をタップします。
⑨ 最後に［保存］をタップして設定を完了します。
⑩ Gmail が設定されます。

レッスン2　メッセージの送受信

iMessage を使うと、携帯電話番号などでメッセージをやり取りするほか、iPhone や iPad などの Apple 製品同士で Apple ID（P20 参照）を使ってメッセージのやり取りができます。
メッセージは親しい人とやり取りするだけでなく、iPhone から会員登録などをするときに、本人であるかどうかを確認するための認証番号の送り先として利用されることもあります。

1　メッセージを送る

iMessage を使うと、お互いの文面が吹き出しの中に表示され、会話をしているような感覚で気軽に交流できます。送る相手のアドレス（携帯電話番号やメールアドレス、Apple ID）によって、吹き出しの色が変わります。

① ホーム画面の　💬　［メッセージ］をタップします。［"メッセージ"の新機能］と表示されたら［続ける］をタップします。

② 📝 をタップします。

③ 宛先を入力します。⊕ をタップし、表示された連絡先から送りたい相手をタップします。

④ 相手の連絡先をタップします。ここでは携帯電話番号をタップしています。

⑤ メッセージの入力欄をタップします。

⑥ メッセージの文面を入力したら、 ↑ または ↑ をタップします。

⑦ 自分のメッセージの吹き出しに色が付きます。相手が iPhone または iPad の場合、自分のメッセージの吹き出しは青色に、iPhone または iPad 以外の場合、緑色になります。

⑧ ［開封証明を送信］と表示されたら、［許可］をタップします。

2 メッセージを受け取る

メッセージが届くと通知音がして、ホーム画面の［メッセージ］のアイコンに赤色の丸数字が表示されます。「開封証明を送信」を許可すると、自分がメッセージを開封したことが相手にもわかるようになっています。

新しいメッセージがあると、次のように表示されます。

ホーム画面の［メッセージ］の ❶ やメッセージ一覧の ● は未読のメッセージがあることを表しています。

また、赤色の丸数字は未読メッセージの数です。これらはメッセージを読むと非表示になります。

ロック画面の時は、画面に新しいメッセージが表示されます。右に動かしてメッセージを表示します。

新しいメッセージがあると、赤色の丸の中に数字が表示されます。

新しいメッセージがあると、メッセージ一覧に ● が表示されます。

3　写真付きメッセージを送る

メッセージでも、文字だけでなく写真を添えてメッセージを送ることができます。

① メッセージをやり取りした画面で をタップします。

② 表示された中から送りたいものをタップします。画面を上に動かすと、ここに表示されていない写真も選ぶことができます。

③ 写真を選択して ⬆ をタップします。

④ 写真が送られます。

4　ボイスメッセージを送る

お互いが iPhone または iPad 同士だと、声を録音してそのまますぐボイスメッセージとして送ることができます。ボイスメッセージが送れない相手には ⬚ は表示されません。

① ⬚ を押している間だけ録音ができます。⬚ を押したまま、録音したいメッセージをしゃべります。

② 録音が終わったら指を離します。⬚ をタップします。

③ 録音したメッセージがすぐに送信されます。

④ ボイスメッセージが届いたら、▶ をタップすると再生されます。

5　メッセージ送信時の効果の設定

iMessage では、メッセージを送信する時に楽しい効果を選べます。
吹き出しの表示効果または、画面全体に効果を付ける［スクリーン］が選べます。特別な
メッセージを送る時に利用してみるとよいでしょう。
メッセージの効果の設定は、iPhone または iPad 同士でのやり取りで利用できます。

① メッセージを入力したら 🔼 を長く押します。
② ［エフェクトをつけて送信］の画面が表示されます。［スラム］［ラウド］［ジェントル］
　　［見えないインク］の横にある ● をそれぞれタップすると、効果が表示されます。
③ ［スクリーン］をタップします。

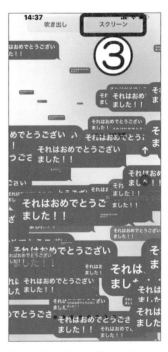

④ 画面を左右に動かすと、9 種類の効果が確認できます。効果音入りのものもあります。
⑤ 効果が決まったら、🔼 をタップしてメッセージを送信します。
⑥ 相手がメッセージを開く時、効果音付きで再生されます。

79

6　アニ文字とミー文字（対応機種のみ）

iPhone には自分の表情をキャラクターに反映させることができるアニ文字、自分と似た
キャラクターを作成できるミー文字という機能があります。アニ文字やミー文字を作成でき
るのは、顔認証（Face ID）に対応した iPhone（iPhone X 以降）と iPad（iPad Pro）
だけですが、作成したものは対応機種以外の iPhone などに送ることができます。

① メッセージの画面で （アニ文字）をタップし、［続ける］をタップします。
② アニ文字をタップするとさまざまなキャラクターが表示されます。好きなものをタップします。
③ ● をタップしたら、録画開始です。音声も含めて最大 30 秒まで録画できます。顔を動
　 かしたり、口を開けたりして表情を作ると、キャラクターが同じ表情をします。
④ ■ をタップすると、録画終了です。
⑤ ↑ をタップしてアニ文字を送信します。

⑥ アニ文字を選ぶ画面を左に動かすと、［＋］が表示されます。［＋］をタップすると、自
　 分用のミー文字を作ることができます。
⑦ ［はじめよう］をタップします。
⑧ 表示される候補の中から、顔のパーツや髪の毛などを選びながら、自分に似せたミー文
　 字を作ることもできます。パーツを選び終わったら［完了］をタップします。
⑨ アニ文字と同じように、録画してメッセージを送ることができます。

    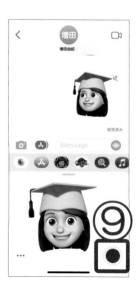

第 **5** 章

アプリを追加しよう

レッスン 1　アプリの追加

iPhone にはゲームや本、写真加工ソフトや楽器などのアプリ（アプリケーション）を入手できる App Store（アップストア）というオンラインショップがあります。アプリケーションは略してアプリといいます。有料・無料のアプリが多数用意されています。

1　アプリの追加とは

最初から iPhone にあるアプリでも十分に楽しめますが、アプリを追加すれば「民放ラジオを聴く」「写真を装飾する」「四字熟語のゲームをする」などができる iPhone になります。
アプリはインターネット上にある iPhone のアプリ専門ショップ App Store（アップストア）から追加します。App Store には毎日のように新しいアプリが並びます。その中から気に入ったものを自分の iPhone で使えるようにアプリを追加することをインストールといいます。
手書きノート、辞書、ゲームや道案内など、App Store には有料・無料の多彩なアプリが揃っています。
好きなアプリを追加して自分好みの iPhone にできるのも楽しみのひとつです。なお、アプリの追加には P20 で作成した Apple ID が必要になります。
後からオプション機能を追加するような感覚で、好みや目的に応じてアプリを追加して楽しみましょう。まずは無料のものから試してみましょう。
アプリの情報は、雑誌や新聞、テレビなどでもよく取り上げられます。
また実際に利用している人に使い勝手などを聞くのもよいでしょう。追加したアプリはいつでも削除できます。

2　アプリの見つけ方

多数のアプリから好みのものを見つけるには、おすすめアプリが表示されている［Today］、ダウンロード数などが判定基準となる［ランキング］、用途別に分類されている［カテゴリ］、すでに利用している人からの評価や感想などを参考にするとよいでしょう。
［検索］でキーワードを入力して、アプリを検索することもできます。

① ホーム画面の ［App Store］をタップします。［パーソナライズされた広告］と表示されたら、［パーソナライズされた広告をオフにする］をタップします。

② ［Today］には、その日のおすすめアプリやゲームが表示されます。画面を上下に動かして、ほかのアプリを表示することができます。

③ ［ゲーム］をタップすると、ゲームアプリだけを紹介した画面が表示されます。画面を上下左右に動かすと、ほかのゲームアプリやランキングなどが紹介されています。
　　［Arcade］（アーケード）は月々の定額料金を支払って、ゲームの新作を楽しむことができるメニューです。［Arcade］をタップしたら、［今はしない］をタップします。

④ ［App］をタップすると、ゲーム以外のアプリの紹介が表示されます。
　　［おすすめの新着 App］や［注目のアップデート］などが表示されます。また［トップ無料 App］［トップ有料 App］の［すべて表示］をタップすると、無料または有料のアプリのランキングが表示されます。

⑤ ［検索］をタップすると、画面上に［検索］ボックスが表示されます。アプリの名前でキーワード検索ができます。

3　Face ID の使い方

アプリの追加には、パスワードが必要です。パスワードを忘れるとアプリの追加ができなくなります。ホームボタンのない iPhone の場合、パスワードの代わりに登録した顔（Face ID）が使えます。

登録した顔を見せるだけでアプリが入手できると、いちいちパスワードを入力する必要がなく、大変便利です。顔がうまく認識できない時は、Apple ID のパスワード（P20 参照）をキーボードから入力してアプリを入手します。

① App Store からア
プリを探します。
② ［入手］をタップ
します。
③ サイドボタンを素
早く 2 回押しま
す。
④ iPhone に視線を
合わせます。
⑤ 登録した顔が認
識されたら、
　✓［完了］と表
示されます。

4 Touch ID の使い方

本体に丸いホームボタンのある iPhone の場合、パスワードの代わりに登録した指紋
（Touch ID）が使えます。ホームボタンに指を乗せるだけでアプリが入手できると、いち
いちパスワードを入力する必要がなく、大変便利です。指紋がうまく認識できない時は、
Apple ID のパスワード（P20 参照）をキーボードから入力してアプリを入手します。

① App Store からアプリを探します。
② ［入手］をタップします。
③ ホームボタンに指紋を登録した指を乗せます。
④ 登録した指紋が認識されたら、✓［完了］と表示されます。

ワンポイント　顔認証、指紋認証がうまくいかない時は

登録した顔や指紋がうまく認識されない時は、［インストール］や［パスワードを入力］と表示されます。
［インストール］や［パスワードを入力］をタップし、Apple ID のパスワードをキーボードから入力して［サインイン］をタップします。

5　はじめてアプリを追加する手順（Google マップ）

種類も数も豊富で、新しいアプリも次々と登場する App Store から、有料・無料のアプリを探してインストールしてみましょう。無料のアプリは［入手］と表示され、有料のアプリは金額が表示されます。アプリが追加されると［入手］が［開く］に変わり、ホーム画面にそのアプリのアイコンが追加されます。

Google 社が無料で提供している Google マップ（グーグルマップ）は、多くの人が利用している地図アプリです。地図ですが、お店の情報を調べたり、乗り換え経路を検索することもできます。

ここでは、はじめてアプリを追加する手順を、Google マップの追加を例に説明します。

① 画面下の 🔍 ［検索］をタップします。
② ［検索］ボックスに「マップ」と入力し、キーボードの［検索］をタップします。
③ 検索結果が表示されます。［Google マップ］をタップします。同じ絵柄が表示された場合、どちらをタップしても構いません。
④ アプリに画面を上下左右に動かすと、アプリの評価や詳細を読むことができます。［入手］をタップします。

⑤ ［インストール］をタップします。

⑥ はじめて使用する時は、［Apple ID でサインイン］と表示されます。Apple ID のパスワードを入力し、［サインイン］をタップします。

⑦ ✓ ［完了］と表示されます。

⑧ ［この Apple ID は、iTunes Store で使用されたことがありません。］と表示されたら［レビュー］をタップします。

⑨ ［利用規約に同意する］の ⬜ オフをタップして 🔵 オンにし、［次へ］をタップします。

⑩ ［お支払い方法］の［None］にチェックが表示されていることを確認します。

⑪ 漢字の氏名が表示されています。ふりがなを入力し、カタカナで確定します。

⑫ 画面を上に動かし、郵便番号、住所、電話番号を入力し、［次へ］をタップします。

⑬ ［Apple ID 作成完了］と表示されたら［続ける］をタップします。
⑭ もう一度［入手］をタップします。
⑮ もう一度［インストール］をタップします。
⑯ もう一度 Apple ID のパスワードを入力し、［サインイン］をタップします。

⑰ アプリのインストールがはじまります。
⑱ ［入手］が［開く］になればアプリの入手は完了です。［開く］をタップします。
⑲ ［"Google Maps"に位置情報の使用を許可しますか？］と表示されたら［Appの使用中は許可］をタップします。
⑳ ホーム画面に戻ると、アプリが追加されていることが確認できます。

🎎 ワンポイント　パスワードの入力に関して

［このデバイス上で追加の購入を行う時にパスワードの入力を要求しますか？］と表示されたら［15 分後に要求］をタップします。続けてアプリを入手する時に、パスワードの入力が省けます。［無料アイテム用パスワードを保存しますか？］と表示されたら［はい］をタップします。アプリの入手の際、パスワードの入力自体を省くことができます。

6 顔や指紋を使ったアプリの追加（Google フォト）

ここでは登録した顔（Face ID）や指紋（Touch ID）を使ってアプリを入手してみます。
Face ID や Touch ID が使えれば、パスワードを入力しないでアプリが追加できます。
ここでは、Google フォト（グーグルフォト）の追加を例に説明します。
Google フォトは iPhone で撮影した写真や動画を、インターネット上の自分専用の倉庫に保存しておけるサービスです。自動的に保存されるたくさんの写真の中から、キーワードを入力して、写真を見つけ出すことができます。一定の容量（15 ギガバイト）を超えると、月々の定額料金が必要となります。

① ホーム画面の [App Store] をタップします。

② 画面下の Q ［検索］をタップします。［検索］ボックスに「グーグルフォト」と入力し、キーボードの［検索］をタップします。

③ ［Google フォト］をタップし、［入手］をタップします。

④ Face ID（顔認証）の場合、［サイドボタンで承認］および［ダブルクリックでインストール］と表示されます。iPhone 本体のサイドボタンを素早く 2 回押し、iPhone に視線を合わせます。顔が認識されると ✓ ［完了］と表示されます。

❗ iPhone 本体に丸いホームボタンのある iPhone の場合、［Touch ID でインストール］と表示されます。ホームボタンに指を乗せます。指紋が認識されると ✓ ［完了］と表示されます。

▼Face ID
（顔認証）の場合

▼Touch ID
（指紋認証）の場合

⑤ ［開く］をタップします。

⑥ ［"Google フォト"から"写真"にアクセスしようとしています］と表示されたら［すべての写真へのアクセスを許可］をタップします。

⑦ ［"Google フォト"は通知を送信します。よろしいですか？］と表示されたら［許可］をタップします。

⑧ ホーム画面に戻ると、アプリが追加されていることが確認できます。

無料だと思ったアプリの説明に［App 内課金が有ります］と表示されることがあります。アプリの中には、アプリの入手自体は無料でも、一定の条件を超えると使用料が発生するものや、追加の機能を使おうとすると料金が発生するものがあります。そうしたアプリは、まずは無料の範囲で使ってみて、必要があれば有料に切り替えることができます。

7　おすすめアプリの紹介

アプリを追加する練習を兼ねて、次の中から興味のあるものをインストールしてみましょう。アプリの名称（太字部分）を入力して検索します。

	Yahoo！乗換案内 目的地までの乗り換え経路を、時間順・回数順・料金順に調べることができます。		**YouTube** 投稿された動画をキーワードで検索して、好きなものを楽しむことができます。
	NHK ニュース防災 台風の進路を確認したり、防災時にはニュース番組をライブ放送で見ることができます。		**Yahoo！防災速報** 避難情報や緊急地震速報、災害情報などさまざまな速報を受け取れます。
	全国避難所ガイド 現在地から一番近い避難所の情報がわかります。安否の登録や確認ができます。		**Yahoo！天気** 天気予報はもちろん、天気に関するあらゆる情報がわかります。

	Radiko ラジコを追加すれば iPhone がラジオになります。民放ラジオ、NHK ラジオなどが聴けます。		**Facebook** フェイスブックは実名登録が基本で、友だちと繋がれる SNS です。投稿は公開範囲が選べます。
	Twitter ツイッターは多くのユーザーがいる SNS（エスエヌエス）です。災害時にも活躍します。		**LINE** ラインは利用人口の多いコミュニケーションアプリです。メッセージやスタンプ、写真が送れ、無料電話もできます。
	Instagram インスタグラムは写真を楽しむ SNS です。きれいな写真や面白い写真がたくさん投稿されています。		**PicCollage** ピックコラージュは、複数の写真組み合わせて１枚にできます。スタンプなども使えます。
	Snapseed スナップシードは写真編集のメニューがとても豊富なアプリです。		**Zoom Cloud Meetings** Zoom（ズーム）を利用すると、iPhone や iPad 以外の人ともビデオ通話が楽しめます。
	Google 翻訳 世界各国の言葉を翻訳できるアプリです。音声にも対応しています。		**西暦・和暦・年齢・干支早見表** 西暦や和暦、干支、年齢の一覧表が用意されています。毎年更新されます。
	Amazon 世界で一番有名なオンラインショップ。書籍、日用品、食料などなんでも売っています。		**くらしのこよみ** 日本古来の季節の区切り方「二十四節季」と「七十二侯」で楽しむこよみです。
	PayPay ペイペイは、スマホを使って支払いをするサービスです。現金をチャージし、QR コードを利用して支払います。		**みんなの脳トレ** シンプルで簡単な脳トレゲームが６種類あり、好きなものを楽しむことができます。
	星座表 iPhone を夜空にかざすと、目の前にある星座の名前を知ることができます。		**クラシル** たくさんの献立の中から、調理法、素材別に料理のレシピ動画が見つかります。

レッスン 2　アプリの終了、削除

アプリをいくつ使ったとしても、そのたびにアプリの終了をしなくても構いません。使わなくなったアプリはいつでも削除できます。アプリが増えてきたら、まとめておくこともできます。

1　App ライブラリ

ホーム画面を左に、左に動かすと、最後に App ライブラリが表示されます。

アプリを追加していくと、ホーム画面がアプリでいっぱいになってしまいますが、App ライブラリは増えてきたアプリを自動的に分類してくれる機能です。

2　スタンバイ状態のアプリの切り替え

iPhone では、アプリを使っている最中でも、ホーム画面に戻ればすぐに別の作業をすることができます。ホーム画面に戻っても、使っていたアプリは終了されたわけではなく、スタンバイ状態となっています。アプリがスタンバイしている状態であれば、次に必要な時にすぐに使うことができます。スタンバイ状態のアプリは、次のように切り替えることができます。

① iPhone 本体の下から上にゆっくり押し上げ、画面の半分くらいのところで指を止めます。

　　🛈　iPhone 本体下部に丸いホームボタンのある iPhone の場合、本体のホームボタンを素早く 2 回押します。

② スタンバイ状態のアプリが表示されます。左右に動かすと、スタンバイ状態のアプリを確認できます。

③ 切り替えたいアプリをタップすると、そのアプリが表示されます。

3　アプリの終了

アプリの動きが遅い、反応しなくなったなど、アプリが正常に動かなくなった時には、アプリを終了させてみましょう。アプリを一度終了すると不具合が解消されることがあるので、アプリの完全な終了方法は必ず覚えておきましょう。

① iPhone 本体の下から上にゆっくり押し上げ、半分くらいのところで指を止めます。

　❗ iPhone 本体下部に丸いホームボタンのあるiPhoneの場合、本体のホームボタンを素早く2回押します。

② スタンバイ状態のアプリが表示されます。アプリを上に動かして画面から見えなくなると、アプリの完全な終了となります。

4　アプリの削除

試しに使ってみたけれど必要なくなった、もう使わなくなった、アプリが多すぎるので消したいという時は、アプリを削除することができます。

① 削除したいアプリに長めに触れ、メニューが表示されたら［App を削除］をタップします。

② ［"XXX（アプリの名前）"を取り除きますか？］と表示されたら［App を削除］をタップします

③ ［"XXX（アプリの名前）"を削除しますか？］と表示されたら［削除］をタップします。

5 アプリをまとめる

ホーム画面にあるアプリを関連ごとに［ゲーム］［防災］［仕事用］などの名前を付けて、1つにまとめておくことができます。まとめるための入れ物をフォルダといいます。アプリとアプリを重ねると、フォルダを作ることができます。

① まとめたいアプリに長めに触れ、メニューが表示されたら［ホーム画面を編集］をタップします。

② アイコンがゆらゆらと揺れ始めます。まとめたいアプリを重ね合わせます（ここでは［NHKニュース防災］を［Yahoo！防災情報］の上に重ね合わせています）。

③ アプリを重ね合わせると、フォルダの枠が表示されます。

④ タイトル入力欄が表示されます。ここでは「ニュース」をタップし、文字を削除して「防災」と入力しています。

⑤ タイトルを入力したらキーボードの［完了］をタップします。

⑥ 同様にして、いくつかまとめたいものを重ね合わせます。アプリがゆらゆらと揺れている間は、何回でもフォルダから出したり、入れたりができます。

⑦ まとめ終わったら、フォルダ以外の場所をタップします。

93

⑧　［完了］をタップします。
⑨　アプリがまとめられたフォルダができます。フォルダをタップすると、フォルダ内のアプリが表示されます。

> フォルダにまとめる時に、目的のアプリがなかなか目指す場所に移動できず、上手にまとめられないことがあります。
> その時は、ゆっくり動かすのではなく、素早くすっと動かすようにすると、上手にまとめられますよ。

6　Dock のアプリの入れ替え

ホーム画面の下にある Dock（ドック）には、よく使うアプリが常に4つ表示されています。ホーム画面を動かしても、ドックにあるアプリは常に表示されたままになります。ドックのアプリは入れ替えることができます。ここではミュージックをホーム画面に移動し、カメラをドックに移動しています。

①　ドックのアプリに長めに触れ、メニューが表示されたら［ホーム画面を編集］をタップします。
②　アイコンがゆらゆらと揺れている間に、ドックのアプリを入れ替えます。
③　入れ替え終わったら［完了］をタップします。

第6章

地図を使おう

レッスン 1　Google マップの利用

第5章で追加した地図アプリ、Google マップを使ってみましょう。Google マップはスマートフォン、タブレット端末、パソコンなどでも広く使われている地図サービスの代表格です。地図を指で広げれば、拡大して見ることができたり、地図を切り替えて立体表示にしたりできます。地図の見方を確認しましょう。

1　地図を見る

Google マップを起動すると、地図に ● で現在地が表示されます。現在地がうまく表示されない場合は、しばらく待ってみましょう。窓際に行くか、屋外の空の見渡せるところで利用すると、より正確な位置に近づけられます。

① ホーム画面の [Google Maps] をタップします。

② ["Google Maps"に位置情報の使用を許可しますか？] と表示されたら [App の使用中は許可] をタップします。

③ 自分が今いる位置に ● が表示されます。

④ 現在地が表示されていない時は を タップします。

が に変わり、現在地が表示されます。

⑤ [現在地] をタップします。

⑥ が に変わり、iPhone を動かすと地図もそれに合わせて動きます。

もう一度 を タップすると、地図が北を上にして固定されます。

96

2 地図の切り替え

地図は指で動かして拡大や回転ができます。徒歩のルートを確認する時には地図を大きくして見てみましょう。
現在地から目的地までの道のりを確認する時は、地図を回転させて、目的地を上の方にすると経路が見やすくなります。
地図を切り替えれば、航空地図や現在の道路の混雑具合なども見ることができます。

① 地図を2本の指で広げると拡大表示されます。

② 親指を軸にして、地図を2本の指でコンパスのように回すと、地図が回転します。
③ 地図を回転すると、　　　が表示されます。タップすると、北を上にした地図に戻ります。

97

④ をタップするとメニューが表示されます。

⑤ ［航空写真］をタップすると青枠が付き、航空写真の地図が表示されます。

⑥ ［×］をタップして、メニューを非表示にします。

⑦ をタップし、メニューを表示します。

⑧ ［デフォルト］と［交通状況］をタップします。青枠が付きます。

⑨ ［×］をタップして、メニューを非表示にします。

⑩ 地図上に交通状況が重ねて表示されます。現在の交通情報が色分けして表示されます。緑色は渋滞が発生していないことを表し、赤色は渋滞が激しいことを表しています。

⑪ をタップし、［路線図］をタップします。青枠が付きます。

⑫ ［×］をタップします。地図の上に、路線図や地下鉄の出口などの情報が表示されます。

⑬ をタップし、［路線図］をタップすると青枠がなくなります。

⑭ ［×］をタップし、メニューを非表示にします。

レッスン 2　地図を使った検索

地図を使って地名や駅名、施設名を入力し、検索してみましょう。
国内はもちろん、海外の地図を使って検索することもできます。車や徒歩で移動する場合、iPhone が現在地から目的地までの経路案内をしてくれます。

1　周辺にあるスポットの検索

Google マップでは現在地周辺にあるレストランやショップなどを探して表示してくれます。
また、地名を入力すればその近辺にある店舗などを見ることができます。
これから行こうとしている場所の名前を入れて検索してみましょう。

① 画面上の［検索］ボックスをタップし、「上野」と入力してキーボードの［検索］をタップします。

② ［レストラン］［ホテル］などの分類が表示されます。分類が表示されない時は、画面を上へ動かします。［レストラン］をタップします。

③ 検索した地域の周辺の店舗が表示されます。

④ 画面を上へ動かすと、店舗一覧が表示されます。見たいものをタップします。

⑤ 店舗の詳細情報が表示されます。

⑥ 店舗の詳細情報を下に動かします。地図が表示されます。

⑦ ［検索］ボックスのキーワードは［×］をタップして削除します。

⑧ ［検索］ボックスが表示された状態になります。

99

2 交通機関の経路検索

[検索]ボックスに地名や駅名、施設名、特定の店舗名などを入力して検索ができます。また乗換案内アプリのように、現在地からその場所までの交通経路を調べたり、出口から目的地までの徒歩のルートも一緒に調べることができます。

① ［検索］ボックスにキーワード（ここでは「東京大学」）を入力し、キーボードの［検索］をタップします。
② 地図上に検索した場所が示されます。
③ 画面を上に動かすと、詳細情報が表示されます。
④ 🔄 ［経路］をタップすると、現在地からの経路が表示されます。候補となる場所が複数表示された場合、目的地をタップします。

⑤ ［車］［電車］［徒歩］［タクシー］［自転車］などの移動手段が表示されます。

100

⑥ ［電車］をタップし、経路の1つをタップします。
⑦ 地図上に経路が表示されます。
⑧ 経路の詳細を左に動かすと、別の経路も確認することができます。
⑨ ［XX 駅］と駅の数が書いてある部分をタップすると、通過駅が表示されます。

⑩ ［徒歩 XX 分］をタップします。
⑪ 駅の出口からの経路が青色の点線で確認できます。
⑫ ［検索］ボックスが表示されるまで［＜］をタップします。
⑬ ［検索］ボックスの［×］をタップして、入力されているキーワードを削除します。

出先から徒歩で自宅まで帰るルートが
自分で調べられるようになっておく
と、災害時などにも役立ちますよ。

101

ワンポイント 日時などの条件を指定して経路検索するには

電車の経路の場合、日時や到着、出発などの条件を指定して経路検索ができます。

① 目的地を入力して検索します。
② ［出発時刻］をタップします。
③ ［出発時刻］［到着時刻］［最終］が選択できます。表示された日付や時刻の数字を上下に動かして日時を変更できます。
④ ［完了］をタップします。
⑤ 指定された日時に従って、検索結果が変更されます。

3 車や徒歩による経路検索

車や徒歩で行く経路を検索してみましょう。運転中は安全運転するようにしてください。iPhone は立ち止まってから見るようにし、歩きながら使わないようにしましょう。

① ［検索］ボックスにキーワード（ここでは「小石川植物園」）を入力し、キーボードの［検索］をタップします。［検索］ボックスが表示されていない時は、［＜］や［×］をタップして Google マップの最初の画面に戻ります。
② ◆[経路]をタップすると、現在地からの経路が表示されます。
③ ［車］または［徒歩］をタップします。
④ 目的地までの経路が青色の線（車）や、青色の点線（徒歩）で表示されます。

102

レッスン 3　地図の詳細情報の利用

Google マップで調べることができるのは、場所や経路だけではありません。
例えば店舗の場合、営業時間やメニュー、写真などを見ることができます。ホームページのアドレスが記載されていれば、Google マップの画面からそのまま Web ページを閲覧することもできます。

1　詳細情報からの電話や Web サイトの利用

具体的な店舗の名前がわからなくても、漠然としたキーワードから情報を検索することができます。キーワード検索すれば、現在 Google マップに表示されている場所に近い店舗が画面に表示されます。また、地名とキーワードを入力すれば、特定のエリアでの検索ができます。
Google マップは、ただ単に場所を探すだけでなく、行きたい場所の写真や詳細情報、電話やホームページなどが検索できる地図です。
Google マップを上手に使えば、初めて行く場所での店探しに役立ちます。

① ［検索］ボックスにキーワード（ここでは「どら焼き」）を入力して、キーボードの［検索］をタップします。［検索］ボックスが表示されていない時は、［＜］や［×］をタップして Google マップの最初の画面に戻ります。
② 現在表示されている地図の周辺で、検索キーワードに合致したものが表示されます。
③ 検索した地図を指で広げて、拡大することができます。
④ 次に、地名とキーワード（ここでは「上野　ラムチョップ」）を入力して検索します。
　 なお地名とキーワードの間にはスペース（空白）を入力します。
⑤ 入力した地名の周辺で、検索キーワードに合致したものが表示されます。見たい店舗などをタップします。

⑥ 画面を上に動かすと、店舗の詳細な情報が表示されます。営業時間をタップすると、各曜日の営業時間が表示されます。
⑦ URL（ホームページのアドレス）をタップします。
⑧ ホームページが表示されます。
⑨ ホームページを見終わったら［完了］をタップします。

⑩ ［最新情報］［メニュー］［クチコミ］［写真］などをタップすると、それぞれ情報が表示されます。

⑪ をタップすると、検索した店舗の情報をメールやメッセージなどで送信できます。

⑫ ［検索］ボックスが表示されるまで［＜］をタップします。
⑬ ［検索］ボックスの［×］をタップして、入力されているキーワードを削除します。

行ってみたいお店や気になる場所などは、その都度地図で検索しなくてもGoogleマップに保存しておくことができます。

検索した場所を保存しておくには、GoogleマップにGoogleアカウントを設定しておく必要があります。Googleアカウント（無料）の作成については第7章で説明します。

Googleアカウントが設定されているかどうかは、［検索］ボックスの横に名前があるかどうかで分かります。

ここでは、GoogleマップにGoogleアカウントが設定された状態で、検索した場所をお気に入りに保存する方法について説明します。

▼Googleアカウントが設定されている

▼Googleアカウントが設定されていない

ワンポイント　Googleアカウントの設定について

Googleアカウント（Gmailとパスワード）を持っていて、まだGoogleマップに設定していない場合は、次のようにします。

① 👤 をタップします。
② ［ログイン］をタップします。［"Googleマップ"がサインインのために"google.com"を使用しようとしています。］と表示されます。［続ける］をタップします。
③ Gmailのアドレスを入力し、［次へ］をタップします。
④ パスワードを入力し、［次へ］をタップします。
⑤ ［検索］ボックスの横に、自分の名前が表示されていることを確認します。

3　［お気に入り］への保存

Google マップに Google アカウントが設定されていると、検索した場所を保存する時にあらかじめ用意されている［お気に入り］［行ってみたい］［スター付き］というリストが利用できます。

［お気に入り］［行ってみたい］［スター付き］の使い分けは、自分で決めて構いません。雑誌で見て気になっているところ、テレビで紹介された観光地やレストラン、行ってみたい店、旅行先に検討している場所などを保存して、Google マップを上手に利用してみるとよいでしょう。

行きたい場所を保存しておけば、あとから探すのがとても楽になります。保存した場所はいつでも簡単に削除できるので、地図にしおりを挟む感覚で使ってみるとよいでしょう。

① ［検索］ボックスにキーワード（ここでは「Apple」）を入力して、キーボードの［検索］をタップします。

② 保存したい場所をタップします。

③ 詳細情報の 🔖 保存 をタップします。画面に表示されていない時は、メニューを横に動かします。

④ ［お気に入り］［行ってみたい］［スター付き］の中から、保存したいリストをタップし、✅ を付けます。

⑤ ［完了］をタップします。

⑥ 🔖 保存 が 🔖 保存済み に変わります。

⑦ 同様にして、リストに保存したい場所を検索します。［保存］をタップし、［お気に入り］［行ってみたい］［スター付き］の中からリストを選び、タップして保存します。

106

4　［お気に入り］に保存した場所の利用と削除

［お気に入り］などに保存した場所は、保存済みというメニューで確認できます。

① Google マップの最初の画面に戻り、［保存済み］をタップします。
② 自分のリストが表示されます。［お気に入り］［行ってみたい］［スター付き］の中から、見たいリストをタップします。
③ リストに保存した場所が表示されます。

④ 保存したリストからその場所を削除したい時は、　をタップします。
⑤ リストが表示されます。保存したリストをタップし、✓ を ◯ にしてリストから削除します。
⑥ ［完了］をタップします。
⑦ その場所がリストから削除されると、（🔖 保存済み）が（🔖 保存）に変わります。

107

iPhone に最初から入っている ［マップ］でも、経路検索などができます。

① ホーム画面の ［マップ］をタップします。
② 画面下の［検索］ボックスをタップし、駅名や施設名を入力します。キーボードの［検索］をタップします。
③ 交通手段と時間が表示されている部分をタップします。［安全に目的地に到達するために］と表示されたら［OK］をタップします。
④ 表示された中から、移動手段（車、徒歩、電車、自転車など）をタップします。
⑤ 経路が表示されます。タップすると、経路の詳細が表示されます。

iPhone の［マップ］には、空から地図が楽しめる Flyover（フライオーバー）があります。

① ［検索］ボックスに地名を入力し、画面に表示される［Flyover］をタップします。
② iPhone を持って上下左右に動かすと、かざした方向の地図が表示され、空からの眺望を楽しむことができます。
③ ［ツアーを開始］をタップすると、自動的にツアーが開始され、都市を空から楽しむことができます。

Flyover が楽しめるのは、次のような場所です（2021 年 11 月現在）。

・東京	・大阪	・サンフランシスコ	・マドリード	・ストーンヘンジ
・バルセロナ	・フィレンツェ	・ヨセミテ国立公園	・ラスベガス	・セビリア
・プラハ	・コペンハーゲン	・ニューヨーク	・ロンドン	・トロント など

第7章

写真を楽しもう

レッスン 1　写真や動画を撮る

iPhone のカメラ機能は新製品が発表されるたびに進化しています。ピント合わせも簡単なので手ぶれに気をつけて、上手に撮影するコツをつかんで撮影してみましょう。

1　撮影時の iPhone の持ち方

写真撮影で一番ぶれやすいのは、シャッターボタンに触れる時です。ぶれない写真を撮影するには、iPhone をしっかりと持つことが重要です。
縦構図の写真を撮る時は下図のように iPhone を縦（ホームボタンがある場合は下）に、横構図の写真を撮る時は iPhone の上を左側（ホームボタンがある場合は右）にして持てば、iPhone を持つ手で背面にあるカメラのレンズを隠してしまう心配がありません。
脇をしめ、腕はあまり伸ばさずにひじを体につけるようにして iPhone を持ちましょう。

■iPhone を縦に持つ時（縦構図の写真）

iPhone 全体を手で包み込むようにし、手のひらも使ってしっかりと持ちます。iPhone の側面に手を添えてぶれを防ぎます。シャッターを押す手は軽く添えるようにします。

親指で押す場合

縦持ちの時も
iPhone を
しっかり包み込
むように手を
添えます。

人差し指で押す場合

シャッターボタンを
タップする時に
iPhone が
動かないように
タップします。

■iPhone を横に持つ時（横構図の写真）

手をL字型にして手のひら全体で iPhone を包み込むようにして持ちます。
背面カメラに指がかからないように気をつけます。右手も軽く添えるようにします。

手をＬ字型にして
手のひらで
包み込むように
して持つと
固定できます。

大きいサイズの
iPhone は
手のひら全体で
握るように
して持つと
固定できます。

2 写真の撮影

写真を撮るにはホーム画面の [カメラ]をタップして起動します。画面全体で構図を確認します。デジタルカメラと違って、本体の中央にレンズが付いているわけではないので、撮影する時にはレンズの位置を確認し、iPhone を構えるようにしましょう。
シャッターボタンは画面に表示されるので、タップして撮影します。iPhone は薄いので、しっかり構えないとシャッターボタンをタップした時に手ぶれが生じます。
撮影時には、次のことを確認するとよいでしょう。

・ カメラのレンズに指紋などが付いていないかどうか確認しましょう。
・ カメラのレンズの位置を確かめ、手や指で覆ってしまわないように気をつけましょう。
・ iPhone がぶれないように、手のひらも使ってしっかり持ちましょう。
・ 脇をしめて腕を体につけるようにしましょう。
・ 右図のようにシャッターボタンを押す前に、邪魔なものが映っていないかどうか、画面の四隅と周囲を見るようにしましょう。

① ホーム画面の [カメラ] をタップします。
② ［フォトグラフスタイル］と表示されたら［あとで設定］をタップします。［“カメラ”の使用中に位置情報の利用を許可しますか？］と表示されたら［許可］をタップします。
③ iPhone を縦に持った時は画面下、iPhone を横に持った時は画面右に表示される切り替えメニューの［写真］が黄色の文字になっていれば、写真撮影ができます。
④ ライブフォトが または になっていたら、タップして にします（P121 参照）。

▼縦構図写真の場合

▼横構図写真の場合

写真

写真

⑤ ◯ ［シャッターボタン］をタップします。タップする時は、iPhone が動かないようにしっかりと持ちます。
※機種によっては、シャッターボタンを長めに押すと動画撮影になる場合と、連写になる場合があります。シャッターは軽くタップするようにしましょう。
⑥ 画面右下（縦に持つ時は左下）の小さい画像（サムネイル）をタップすると、撮影した写真をすぐに見ることができます。

シャッターボタンを軽く
しっかりとタップします。

⑦ ［＜］をタップすると、カメラに戻ります。撮影の続きができます。

利根郡川場村 - 萩室

3 ピント合わせ

人物にカメラを向けると、iPhone は顔を自動的に認識し、画面に黄色の枠が表示されます。自分でピントを合わせたい時は、iPhone の画面でピントを合わせたいものをタップすれば、黄色の枠が表示されてピントと露出（光の量）が自動的に調整されます。

▼手前の花をタップして
　手前にピントが合った状態

▼奥をタップして
　奥にピントが合った状態

112

4 明るさの調整

画面の明るい場所をタップすると写真全体が暗くなり、画面の暗い場所をタップすると写真全体が明るくなります。下図は同じ時間に撮影したものです。

画面のところどころに触れると、画面全体が明るくなったり暗くなったりします。自分が一番いいと思ったところでシャッターボタンをタップします。

明るさは、自分でも調整することができます。

画面をタップしてピントを合わせると、黄色の枠の横に太陽のマークが表示されます。太陽のマークを上に動かすと画面が明るくなり、下に動かすと暗くなります。

明るさの量が違うと、写真の雰囲気も変わります。好みで調整してみましょう。

▼太陽のマークを下げると暗い写真になる

▼太陽のマークを上げると明るい写真になる

画面を長めに押していると、[AE／AF ロック]と表示されます。「AE」はAutomatic Exposure（自動露出）の略で、明るさを自動的に調整する機能、「AF」は Auto Focus（オートフォーカス）の略で、ピントを自動的に調整する機能です。

AE／AF ロック

画面を長めに押したところに露出とピントが合って固定（ロック）された状態になります。
この状態でカメラの向きを少し変えたりしても、ロックされた露出とピントは変わらないので、明るさとピントが調整された写真を撮ることができます。
画面をもう一度タップすると、ロックが解除されます。

5　ズーム

もう少し大きく写真を撮りたい時は、画面を 2 本の指で広げてズームします。

スマートフォンは、レンズ自体を伸ばして撮影することができません。ズーム撮影も、画像を拡大して処理しているので、画像が粗くなることがあります。きれいに撮影するには、被写体に寄れるところまで寄って撮るようにしましょう。

背面カメラのレンズが2つある iPhone では、2 倍までのズームはレンズを切り替えて撮影できるようになっています。

レンズが3つある iPhone には、より遠くを撮影できる望遠レンズが付いています。

6　超広角撮影

iPhone 11 以降では超広角カメラが追加され、超広角撮影ができるようになりました。下の 2 枚の写真は同じ場所から撮影していますが、右の写真の方が広い角度で撮影できています。

▼広角カメラでの撮影　　　　　**▼超広角カメラでの撮影**

114

超広角カメラを使えば、より広い範囲（広い角度）をとらえることができて、広がりのある写真が撮影できます。例えば風景写真などで、目の前に広がる美しい景色を、広い範囲で撮影したい時などに使ってみるとよいでしょう。

画面に表示される［1×］をゆっくり上下に（縦に持っている場合は右に）動かすと、ダイヤルが表示されます。［0.5×］にすると、超広角撮影ができます。
P114 のように、指で画面を広げたり、狭めたりしても、広角カメラと超広角カメラを切り替えることができます。

7 ナイトモード（暗い所での撮影）

iPhone 11 以降では、暗い場所で写真を撮る時にナイトモード（夜間撮影モード）が利用できます。特に意識しなくても、周辺が暗い場所では自動的にナイトモードがオンになるので、とても便利です。ナイトモードでは、暗い場所でも細部まで撮影ができ、写真に明るさが加わります。
暗い場所を撮影する時は手ぶれに十分注意しましょう。ナイトモードがオンになると、画面に露出時間の秒数が表示されます。表示される秒数は周囲の暗さで変化します。表示された秒数の間は撮影されるので、iPhone を動かさないようにします。

▼暗い場所では自動的にナイトモードがオンになり、マークが表示された状態

▼撮影に必要な秒数が表示された状態

8 カメラの切り替え

自分も友だちと一緒に写りたい、シャッターボタンを押してくれる人が誰もいない、などの場合には、カメラを前面側カメラに切り替えて撮影してみましょう。
カメラを自分に向けて撮影したものを、自撮りまたはセルフィーといいます。

① 写真が撮影できる状態で、 🔄 または 📷 をタップします。
② カメラが切り替わり、内側（自分）が画面に映ります。シャッターボタンをタップします。

9 動画の撮影

［ビデオ］に切り替えると動画撮影ができます。動画撮影中はiPhoneが揺れないようにしっかり持ちましょう。動きながら撮影すると、映像もぶれてしまいます。動画撮影中はあちらこちらに動かすのではなく、一定の方向にゆっくり動かすようにしましょう。

① シャッターボタンのそばにあるメニューの文字を動かし、［ビデオ］をタップします。
　　［ビデオ］が黄色の文字になっていると動画撮影ができます。

② ⚫ をタップして動画撮影を開始します。

③ ● が ■ （赤色の四角）になっている時は撮影中です。画面には撮影時間が表示
されます。
④ 画面の ◯ をタップすると、動画を撮りながら写真を撮影できます。

ボタンを押し間違えて、動画撮影ができていない時があります。動画撮影中は、撮影時間が進んでいることと確認しましょう。

⑤ ■ をタップして、動画撮影を終了します。 ■ が ● に変わります。

⑥ 小さい画像（サムネイル）をタップすると、撮影した動画を見ることができます。

⑦ ❙❙ をタップすると動画再生
が停止、🔇 をタップすると
動画の音声が聞こえます。

⑧ 再生が終わったら［＜］を
タップします。

レッスン 2　カメラのメニューと機能

iPhone は一番身近なデジタルカメラです。雰囲気のいいレストランなどではフラッシュオフで撮影したり、友達との集まりではセルフタイマーを使ったり、風光明媚な場所ではパノラマ撮影したりと、さまざまな撮影方法を知って、楽しく使いこなしましょう。
なお、iPhone の基本プログラムである iOS や機種の違いによって、画面にマークが表示されるものと、🔼 をタップして表示するものがありますが、マークの役割は同じです。

▼画面に 🕐 などのマークが
　表示されている場合

▼画面にマークが表示されていない場合
　（🔼 をタップするとマークが表示される）

① フラッシュ .... フラッシュ自動、オン、オフの切り替えをします。
② ナイトモード.....iPhone 11 以降では、暗い所で自動的にナイトモードが表示されます。
③ ライブフォト....................ライブフォトの切り替えをします。
④ フォトグラフスタイル ....撮影時に、写真のトーンや温かみを調整できます。
⑤ 縦横比 ....スクエア（正方形）、4：3、16：9 の切り替えをします。
　　　　　　　　　　　　　　　シャッターボタンの上にある撮影メニューの文字を動かして
　　　　　　　　　　　　　　　［スクエア］に切り替える機種もあります。
⑥ 露出 ....撮影時に、露出が調整できます
⑦ タイマー ....3 秒、10 秒、タイマーオフの切り替えをします。
⑧ フィルタ ....写真にかけるフィルタの切り替えをします。
⑨ カメラの切り替え............背面、前面のカメラを切り替えます。

1 連写撮影（バーストモード）

スポーツシーンやペット、小さい子供など、風に揺れる花など、動きのある被写体を撮る時は、なかなかピントが合わないものです。このような時は連写撮影をしてみましょう。
シャッターボタンが下（縦に持っている場合は左）に動かせる機種は、下に動かしている間だけ、連写撮影ができます。指を離すと、連写撮影が終わります。

> シャッターボタンを下（縦に持っている時は左）に動かしている間は「カシャカシャカシャ・・・」とシャッター音がして連写になります。

シャッターボタンが動かない機種は、シャッターボタンに触れたままでいると連写撮影になります。指を離すと、連写撮影が終わります。

> シャッターボタンに触れたままだと「カシャカシャカシャ・・・」とシャッター音がして連写になります。

連写で撮影された写真には［バースト（XX 枚の写真）］と表示されます。iPhone が選んだよく撮れている1枚だけが大きく表示されます。

🎎 ワンポイント　連写されたすべての写真を見るには

連写撮影されたすべての写真は次の手順で見ることができます。

① 連写された写真をすべて見たい時は、［選択］をタップします。
② 連写されたすべての写真が表示され、左右に動かすと別の写真が見られます。
③ おすすめの写真には画像には、⬤ が付いています。

2 フラッシュの切り替え

フラッシュが［自動］の場合、被写体が暗いと自動的に発光されます。暗い照明のレストラン、フラッシュ禁止の場所などでは、フラッシュのオン・オフが切り替えられるようにしておきましょう。
全体的に暗いところや夜景などではフラッシュをオンにしても、光が届かなくて逆効果な場合もあります。フラッシュのオン・オフを切り替えて撮り比べてみるのもよいでしょう。

画面に ⚡ がない時は ∨ をタップして表示します。また iPhone 11 以降は暗くなるとナイトモードになり、フラッシュなしでもきれいに撮影できます。

⚡ ［フラッシュ］をタップし、［自動］［フラッシュオン］［オフ］をタップして切り替えます。
［自動］にすると、暗いところでは自動的に発光されます。
［フラッシュオン］の時は発光されます。［オフ］にしておけば発光されません。

自動 フラッシュオン オフ

3 セルフタイマー機能

時計のマークをタップするとセルフタイマー機能が使えます。セルフタイマー撮影では、シャッターボタンをタップすると、残り秒数が表示され、設定した秒数で撮影されます。
写真は連写され、撮影された写真の中から iPhone が選んだよく撮れている1枚だけが表示されます。画面に ⏱ がない時は ∨ をタップして表示します。

カメラを切り替えて自分や友達と一緒に撮影するなら 3 秒タイマー、三脚などを使って iPhone を設置して記念撮影するなら 10 秒タイマーと使い分けてみるとよいでしょう。
セルフタイマー撮影が終了したら、⏱ をタップして［オフ］にしておきましょう。

オフ 3秒 10秒

スマートフォン用の三脚もあります。旅行先、家族や友人との集まりに使ってみると撮影も楽しくなりますよ。

120

4 ライブフォト

iPhone には「押すと動く写真」が撮れるライブフォト（Live Photos）という機能があります。ライブフォトは、シャッターボタンをタップする前後 1.5 秒ずつ、合計 3 秒間の映像と音声が保存されます。撮影の前後が記録されるので、撮影後も iPhone をしっかりと持ってすぐに動かさないようにしましょう。ライブフォトの時はシャッター音が通常と異なります。「ピポッ」という静かな音になります。

ライブフォトが楽しめるのは、iPhone 同士ですが、ほかのスマートフォンやパソコンに送ったライブフォトの写真は静止画として楽しめます。

① ![icon] をタップします。![icon] または ![icon] になり、ライブフォトが撮影できる状態になります。
② シャッターボタンをタップすると、「ピポッ」という音がしてライブフォトが撮影されます。撮影の前後 1.5 秒も記録されるので、シャッターボタンをタップしてもすぐに iPhone を動かさないようにします。
③ 撮影中は LIVE と表示されます。
④ 小さい画像（サムネイル）をタップすると、撮影した写真をすぐに見ることができます。
⑤ 写真（ライブフォト）を強く押します。初めはぼやけていた写真が動き出します。

ピポッと音がします。

5 撮影メニューの切り替え

iPhone のシャッターボタンのそばにある文字をゆっくり動かすと、[タイムラプス] [スロー] [ビデオ] [写真] [ポートレート] [パノラマ]とメニューを切り替えることができます。

文字のある部分をゆっくり動かすとメニューが切り替えられます。

6 ポートレート撮影

iPhone 7 Plus、iPhone 8 Plus および iPhone X 以降のすべての機種にはポートレートというメニューがあります。

ポートレートを使えば、背景をほどよくきれいにぼかしつつ、被写体を際立たせた写真が撮影できます。また、人物を撮る時に有効な照明効果も用意されています。

ポートレート写真を撮りたい時は、［ポートレート］をタップして被写体にカメラを向けます。被写体に近すぎたり、遠すぎたり、また周囲が暗すぎたりすると、画面にメッセージが表示されるので、画面の指示に従って撮影します。

前面側カメラ（P116 参照）での撮影時にもポートレート撮影ができます。

ポートレート

① ［ポートレート］をタップします。説明が表示されたら［続ける］をタップします。

② ポートレート撮影ができる状態になると［自然光］と表示されます。画面の指示（離れてください、近づいてくださいなど）に従って、撮影します。

ポートレート撮影には［自然光］以外に、被写体をさらに明るくしたり、背景が黒になったりする次のような照明効果が用意されています。

最初に［自然光］と表示されるので、［自然光］を左に動かして、照明のメニューを切り替えます。

▼スタジオ照明

▼輪郭強調照明

▼ステージ照明

▼ステージ照明
（モノ）

▼ハイキー照明
（モノ）

122

7 スローモーション、タイムラプス

ここで説明している機能は動画撮影の時に利用すると効果的なものです。
スローモーション撮影は、部分的にスローになって再生されます。ダンスやスポーツ、ペットや子供など、動きの速いものに使ってみると思わぬ動きが撮れて楽しい動画になります。

タイムラプスは数秒おきに撮影した写真を自動的につなげて動画にする機能です。例えば１時間ほどタイムラプスで撮影したものが、何十秒かの動画になります。iPhone を三脚に固定し、空の動きや、夜景、移動の車中などを撮影してみると楽しいでしょう。タイムラプスは写真をつなぎ合わせたものなので音声は入りません。

スロー

タイムラプス

① シャッターボタンのそばにあるメニューの文字をゆっくり動かし、［スロー］または［タイムラプス］に切り替えます。メニューが黄色の文字になっていると撮影ができます。

② をタップして撮影を開始します。

③ をタップして撮影を終了します。

④ シャッターボタンのそばにある小さい画像（サムネイル）をタップすると、撮影した動画が見られます。

8 パノラマ撮影

パノラマ撮影は iPhone で１枚ずつ撮影した写真を合成してパノラマ写真になります。iPhone をゆっくり動かして写真を自動的に何枚も撮影し、最後につなぎ合わせます。

撮影は簡単です。シャッターボタンをタップしてパノラマ撮影を開始したら、画面中央に表示された黄色の線に沿って iPhone をゆっくり動かします。その間 iPhone が自動的に写真を何枚も撮影してくれます。矢印が右端までいくとパノラマ撮影は自動的に終了となります。途中でもシャッターボタンをタップしたところで、パノラマ撮影は終了となります。

パノラマ

① iPhone を縦に持ちます。
② シャッターボタンのそばにある［写真］の文字を動かし、［パノラマ］に切り替えます。

123

③ シャッターボタンをタップすると、パノラマ撮影の開始です。
④ 画面中央に表示される黄色の線の矢印に合わせながら、iPhone をゆっくり水平に動かします。速すぎると「ゆっくり」などと表示されます。
⑤ シャッターボタンをタップすると、横長のパノラマ撮影の終了です。
⑥ シャッターボタンのそばにある小さい画像（サムネイル）をタップすると、撮影したパノラマ写真を見ることができます。

iPhone を横にもって、縦方向に動かしてパノラマ撮影すると、縦長のパノラマ写真が撮影できます。

iPhone を縦に持ち、水平に動かせば、横長のパノラマ撮影ができます。iPhone を横に持ち、垂直に動かせば、縦長のパノラマ撮影ができます。1枚の写真に収めきれない景色や眺望は、パノラマ写真で残しておきたいですね。

124

レッスン 3　撮影した写真や動画を見る

iPhone で撮影したすべての写真や動画は、ホーム画面の[写真]に保存されます。
[写真]には[アルバム]と[ライブラリ]のメニューがあります。
[アルバム]では、写真や動画は[ビデオ][セルフィー][パノラマ]などと、種類別に分類されます。
[ライブラリ]では、写真や動画は[年別][月別][日別][すべての写真]と時系列に分類されます。

1　［アルバム］を利用した写真の分類

[アルバム]では、撮影した写真や動画が[マイアルバム][ピープルと撮影地][メディアタイプ][その他]に分類されます。iPhone で撮影した写真と動画のすべては[マイアルバム]の[最近の項目]に表示されます。

① ホーム画面の　　　　[写真]をタップします。
② 画面下の［アルバム］をタップします。
③ ［最近の項目］をタップします。表示されていない時は［すべて表示］をタップします。
④ 写真が一覧で表示されます。上下に動かすとすべての写真が表示されます。
　新しく撮影した写真は下の方に表示されます。
⑤ 見たい写真をタップすると大きく表示されます。位置情報サービスがオンになっていれば、撮影地が表示されます。
⑥ ［＜］をタップして写真の一覧表示に、［＜アルバム］をタップしてアルバム一覧に戻ります。
⑦ 画面を上に動かします。［メディアタイプ］では、写真が種類別に分類されています。
⑧ 削除された写真は［その他］の［最近削除した項目］で確認できます。

125

ワンポイント 写真の撮影場所の表示

［アルバム］の中にある［撮影地］をタップすると、撮影した写真や動画が地図に表示されます。地図に表示された写真をタップすると、その場所で撮影した写真や動画が表示されます。位置情報サービスがオンになっていれば、iPhone で撮影した写真や動画は自動的に撮影地別に分類されたり、地図に現在地を示したりすることができます。旅行先で撮影した写真が地図に示されるので、どこで撮影したかがわかるためとても便利です。

① 画面下の［アルバム］を
　　タップします。
② ［撮影地］をタップします。
③ 地図に写真が表示されます。数字は、その場所で何枚撮影したかを示しています。
④ 写真をタップします。撮影地で分類された写真が表示されます。

その場所で撮影された写真が表示されます。

撮影した写真をインターネットに公開したりメールに添付して送信したりすると、位置情報から自宅の場所がわかるという可能性があります。撮影場所が特定されるのを避けたい場合は、撮影前にカメラの位置情報サービスをオフにして写真を撮るとよいでしょう。
位置情報は写真の整理整頓にも便利なものなので、必要に応じてオン／オフの切り替えができるようにしておきましょう。

① ホーム画面の　　　　［設定］をタップします。
② 画面を上に動かし、［プライバシー］をタップします。
③ ［位置情報サービス］をタップします。
④ ［位置情報サービス］が
　　　　　　オンになっていることを確認します。位置情報サービスをオンにしているサービスが表示されます。
⑤ 撮影時の位置情報サービスをオフにしたい場合は、［カメラ］をタップして［なし］をタップします。

126

2 ［ライブラリ］を利用した写真の分類

［ライブラリ］では撮影日時によって写真や動画が分類されます。

① ［ライブラリ］をタップします。
② ［日別］［月別］［年別］［すべての写真］のメニューが表示されます。［すべての写真］には、iPhone で撮影した写真と動画がすべて表示されます。［日別］［月別］［年別］にはそれぞれ、iPhone が選んだベストショットが表示されます。

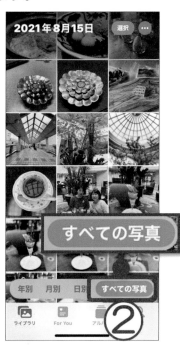

3 スライドショーの自動作成

［For You］では、写真の撮影日時や、場所、写っている人やものなどから、自動的にBGM 付きのスライドショーを作成してくれます。知らない間にスライドショーが作成されるので、意外な発見があります。

① ［For You］をタップします。作成されたスライドショーが表示されます。
② 写真をタップするとスライドショーが BGM 付きで再生されます。
③ もう一度タップし、［×］をタップするとスライドショーを終了できます。
④ ［すべて表示］をタップし、［タイトルを編集］タップするとタイトルが変更できます。

127

レッスン 4　写真や動画の編集や選別

iPhone では簡単に写真の編集ができます。また気に入った写真に目印を付けたり、アルバムにまとめたりすることができます。

1　写真の編集

iPhone の写真編集メニューで写真を編集してみましょう。撮影した時に少し暗くなってしまったもの、傾いてしまったもの、鮮やかさに欠けたものなどは補正することができます。編集した写真は、すぐに元の状態に戻すこともできます。

① 編集したい写真を 1 枚タップし、写真を上に動かすと、撮影時の情報が表示されます。また写真に説明を追加できます。写真を下に動かすと元の画面に戻れます。
② 写真を 1 枚タップし、［編集］をタップします。
③ 画面下に写真編集メニューが表示されます。ポートレートで撮影した写真には、ポートレートの照明効果のメニューが表示されます。

❶ポートレートの照明効果 ..... iPhone 7 Plus、iPhone 8 Plus および iPhone X 以降のすべての機種で使用できるポートレート撮影の写真は、あとから照明効果を変えたり、背景をぼかしたりすることなどができます。
❷調整 .... 16 種類のメニューがあります。それぞれのメニューをタップすると表示される目盛りを動かして、細かく調整ができます。
❸フィルタ .... モノクロなどのフィルタが用意されています。
❹トリミングと傾き補正 .... 写真をトリミングできます。また用意された比率の中から選択することもできます。写真の傾きも修正できます。

［調整］には［自動］をはじめ、［露出］［ブリリアンス］［ハイライト］［シャドウ］［コントラスト］［明るさ］［ブラックポイント］［彩度］［自然な彩度］［暖かみ］［色合い］［シャープネス］［精細度］［ノイズ除去］［ビネット］が用意されています。調整のメニューは画面を左右に動かして切り替えます。

▼調整：自動

［自動］をタップすると自動調整されます。もう一度タップすると元の状態に戻ります。

▼調整：露出

［露出］をタップし、表示される目盛りを右に動かすと明るく、左に動かすと暗くなります。

左右に動かして 16 種類のメニューを切り替えます。

▼調整：彩度

［彩度］をタップし、表示される目盛りを左右に動かすと鮮やかさが変わります。

▼調整：暖かみ

［暖かみ］をタップし、表示される目盛りを左右に動かすと色合いが変わります。

［トリミングと傾き補正］では、写真のトリミングや反転、回転、傾きの調整ができます。

▼トリミングと傾き補正：縦横比

［トリミングと傾き］をタップし、右上のをタップすると、［スクエア］などの縦横比が表示されます。また、［自由形式］をタップして写真の四隅を動かすと自由にトリミングできます。

▼トリミングと傾き補正：反転、傾き

左上の ［反転］
［回転］をタップすると、写真が反転、回転できます。

をタップし、表示される目盛りを左右に動かすと傾きが補正できます。

四隅を動かすと
トリミングできます。

▼トリミングと傾き補正：縦方向

をタップし、表示される目盛りを左右に動かすと縦方向の傾きが補正できます。

▼トリミングと傾き補正：横方向

をタップし、表示される目盛りを左右に動かすと横方向の傾きが補正できます。

［フィルタ］には［オリジナル］［ビビッド］［ビビッド（暖かい）］［ビビッド（冷たい）］［ドラマチック］［ドラマチック（暖かい）］［ドラマチック（冷たい）］［モノ］［シルバートーン］［ノアール］が用意されています。それぞれ、目盛りを動かしてさらに調整できます。

目盛りを動かして詳細な調整ができます。

表示されたさまざまなフィルタを選択できます。

iPhoneで編集した写真はいつでも元の状態（オリジナル）に戻すことができます。

① 編集が終わったら ✓ をタップします。
② 編集したものを元に戻したい場合は、もう一度［編集］をタップします。
③ ［元に戻す］をタップします。
④ ［オリジナルに戻す］をタップします。写真が編集前の状態に戻ります。

2　写真や動画の削除

iPhone の容量によって保存できる写真や動画の数は異なりますが、特に動画は多くの容量を必要とするので、不要なものは削除しておくとよいでしょう。似たような構図をたくさん撮影してしまったり、写りが悪かったりした写真や動画は簡単に削除することができます。なお、削除したものは一定の日数（最大 40 日）が経過すると完全に削除されます。

① 画面下の［アルバム］をタップし、［最近の項目］をタップします。
② ［選択］をタップします。
③ 削除したい写真または動画をタップし、✓ を付けます。
④ 🗑 をタップします。
⑤ ［XX 枚の写真を削除］（動画などを含む場合は［XX 項目を削除］）と表示されたらタップします。
　　※iPhone の設定によっては、［XX 枚の写真をすぐに削除］と表示されます。この場合、削除した写真や動画を元に戻すことはできないので注意しましょう。

⑥ ［アルバム］の中の［最近削除した項目］をタップすると、削除した写真や動画を確認できます。

![ワンポイント] **削除した写真などを復元するには**

間違って削除してしまったものや、もう一度元に戻したいものがあったら、削除してから一定期間内であれば次のようにして復元できます。

① ［アルバム］の中の［最近削除した項目］をタップします。
② 画面右上の［選択］をタップします。
③ 元に戻したい写真や動画をタップして ✓ を付けます。
④ ［復元］をタップすれば、選択したものだけを元に戻せます。

3　お気に入りにまとめる

気に入った写真にはマークを付けて［お気に入り］にまとめておくことができます。例えば誰かに見せたい写真だけをまとめるためにマークを付けておくと便利です。マークはタップして簡単に付けたり外したりできるので、写真に目印を付ける感覚で気軽に使ってみましょう。

① 気に入った写真を1枚タップし、画面下の ♡ をタップすると ❤ に変わります。
② 画面左上の［＜］をタップし、［アルバム］に戻ります。
③ ［お気に入り］をタップします。❤ を付けた写真だけが表示されています。
④ 写真をタップし、❤ をタップすると ♡ に変わり、［お気に入り］から削除されます。

4　アルバムの作成と削除

写真は好きな名前を付けたアルバムにまとめておくことができます。［お気に入り］とは別に、「箱根家族旅行」「洋子結婚式」「たつや七五三」「同窓会30周年」など、好きな名前を付けてアルバムに写真を分類しておくことができます。
アルバムはいくつでも作ることができます。iPhone から写真を印刷する時や、アプリなどを使ってスライドショー、ムービー作成、写真コラージュなどの作品を作る時に、アルバムに分類されていれば写真も選びやすく、たくさんの中から写真を見つけるのにとても便利です。
必要なくなったアルバムはいつでも削除できます。アルバムは写真を分類するためのものなので、アルバムを削除しても、その中に追加された写真が削除されることはありません。

① ［アルバム］の画面左上の［＋］をタップします。
② ［新規アルバム］をタップします。
③ 新規アルバムの名前を入力し、［保存］をタップします。
④ 写真が表示されます。アルバムにまとめたい写真をタップし、✓を付けます。［完了］を
　タップします。新しくアルバムが作成されます。

⑤ 作成したアルバムを削除するには、［編集］をタップします。アルバムが表示されていない
　時は［すべて表示］をタップします。
⑥ 削除したいアルバムの ➖ をタップします。
⑦ ［"アルバム名"を削除］と表示されます。［アルバムを削除］をタップします。
⑧ アルバムが削除されます。［完了］をタップします。

134

5 ホーム画面の壁紙として写真を設定

iPhone の壁紙を、自分で撮った気に入った写真に変更してみましょう。壁紙は、ホーム画面とロック画面それぞれ別のものを設定することができます。

① 気に入った写真を表示し、画面下の □ をタップします。
② ［壁紙に設定］をタップします。
③ 設定した写真は位置を動かしたり、広げて大きくしたりできます。写真の配置が決まったら［設定］をタップします。
④ ［ロック中の画面に設定］［ホーム画面に設定］［両方に設定］の中から目的のものをタップします。

▼ホーム画面 ▼ロック画面

135

レッスン 5　Google フォトでの写真のバックアップ

iPhone で撮った写真や動画は、iPhone 本体に保存されます。万が一、iPhone 本体を紛失したり故障したりすると、保存してある写真や動画を失ってしまうことになりかねません。写真や動画は、iPhone 本体とは別の場所にもコピーしておくことが望ましいです。これをバックアップといいます。

1　Google フォトとは

ここでは Google 社の Google フォト（グーグルフォト）を使って写真や動画のバックアップをします。Google フォトには、自動バックアップという機能があります。
前述した通り、iPhone 本体の故障や紛失などがあった場合、それらの写真が見られなくなることがあります。このような時に便利な機能が自動バックアップです。自動バックアップの設定をしておけば、一定の条件のもと、iPhone で撮った写真が次々とインターネット上の自分専用の場所に保存されるようになります。
Google フォトでは、指定する画像サイズに設定した場合、15GB（ギガバイト）までは無料でバックアップされます。Apple 社にも iCloud（アイクラウド）という同様の仕組みがあります。こちらは 5GB（ギガバイト）までは無料でバックアップされます。Google フォトもiCloud も、容量を超えた分については毎月料金を払って利用します。
Google フォトは、Google アカウントを持っていれば誰でも利用できます。同じ Google アカウントを使っていれば、利用している機種に関係なく同じ写真を見ることができます。

▼Apple 社の iCloud の場合

 無料で使える容量（5G）を超えると、［iCloud ストレージがいっぱいです］と表示されます。
それ以上を利用したい時は、［ストレージをアップグレード］をタップし、有料プランに切り替えます。

▼Google 社の Google フォトの場合

 ［元の画質］よりも［保存容量の節約画質］の方を選んでおけば、より多くの写真と動画を保存することができます。

容量によって月々の金額が異なります。

無料で容量は無制限になります。ファイルのサイズは圧縮されますが、画質は変わりません。

136

2 Google アカウントの作成

Google フォトを利用する場合、Google アカウント（Gmail アドレス）が必要になります。初めて利用する場合は、Google フォトのアプリの画面から、Google アカウントを作成できます（Google フォトの追加は P88 参照）。

Google アカウント作成の途中で、確認のため携帯電話番号宛に 6 桁の数字が送られます。すぐに書き留めておけるよう、メモなどを用意しておきましょう。なお手順⑲では、必ず［保存容量の節約画質］を選んでください。

すでに Google アカウントを持っていて、そのパスワードも覚えている方は、手順⑦に進み、Gmail アドレスとパスワードを入力して進んでください。パスワードを忘れてしまっている方は、下記の手順で新規に作り直しても構いません。

① Google フォトの［開く］をタップします。
② ［すべての写真へのアクセスを許可］をタップします。
③ ［"Google フォト"から"写真"にアクセスしようとしています］と表示されたら［すべての写真へのアクセスを許可］をタップします。
④ ［"Google フォト"は通知を送信します。よろしいですか？］と表示されたら［許可］をタップします。
⑤ ［思い出を安全に保存しましょう］と表示されます。［ログイン］をタップします。
⑥ ［"Google フォト"がサインインのために"google.com"を使用しようとしています。］と表示されたら［続ける］をタップします。
⑦ ［アカウントを作成］をタップし、［自分用］をタップして、［次へ］をタップします。
※ Google アカウントを持っている場合は、ここにメールアドレスを入力し、［次へ］をタップして、パスワードを入力します。

137

⑧ ［姓］［名］を入力し、［次へ］をタップします。

⑨ ［基本情報］と表示されます。［生年月日］と［性別］を入力し、［次へ］をタップします。

⑩ ［Gmail アドレスの選択］と表示されます。［自分で Gmail アドレスを作成］をタップし、希望するメールアドレスを入力します。［次へ］をタップします。ここで入力したものが、Google アカウントとして使用されます。

　※アルファベット、数字、ピリオドだけが使用できます。すでに存在するユーザー名と同じものを入力した場合、赤色の文字で［このユーザー名は既に使用されています。別のユーザー名を選択してください。］と表示されるので、その時は、別のユーザー名を入力します。

⑪ 入力した Gmail アドレスを確認し、［次へ］をタップします。

⑫ ［安全なパスワードの作成］と表示されます。8 文字以上でパスワードを入力し［次へ］をタップします。

⑬ ［このパスワードをすべての App および Web サイトで使用するために保存しますか？］と表示されたら［パスワードを保存］をタップします。

⑭ パスワードを忘れた時のために、携帯電話番号を追加します。
　携帯電話を持っていない場合、手順⑮でスキップできます。

138

⑮ 画面を上に動かし、［は
い、追加します］をタップ
します。

⑯ 携帯電話番号宛てに、
メッセージが送られてきま
す。記載されている６桁の
数字を入力し、［次へ］
をタップします。

⑰ ［プライバシーポリシーと
利用規約］と表示されま
す。画面を上に動かし、
［同意する］をタップしま
す。

⑱ ［思い出を安全に保存し
ましょう］と表示されます。
［XXXさんとしてバックアッ
プ］をタップします。

⑲ ［バックアップの設定］と
表示されます。［元のサイ
ズ］が選択されています
が、［保存容量の節約
画質］をタップし、［確
認］をタップします。

作成した Google アカウントは、Google フォトで利用していますが、Gmail というメール
アドレスとしても有効に利用できます（P75 参照）。
Google アカウントとパスワードがあれば、iPhone 以外（iPad やパソコン）にも設定で
きます。この Google アカウントとパスワードは、とても大事なものなので忘れないように
しましょう。

　　　　　　　　　　　　　　　　　　　　　年　　月　　日 取得

Google アカウント	@gmail.com
パスワード	

3 写真の自動バックアップ

Google フォトで一度設定しておけば、以降は Wi-Fi（ワイファイ）の利用できる場所にいると、自動的にバックアップが行われます。時々Google フォトを開いて、写真や動画のバックアップができているか確認するとよいでしょう。Google フォトを開いていると、バックアップが迅速に行われます。

［写真］で見ている写真や動画は、iPhone 本体に保存されているものです。

［Google フォト］で見ている写真や動画は、同じものであってもインターネット上に保存されているものです。もし iPhone が故障したり、紛失したりしても、Google アカウントがわかっていればインターネット上の写真や動画が失われることはありません。

① ホーム画面の ［Google フォト］をタップします。
② iPhoneで撮影した写真のバックアップが始まります。バックアップ中は写真に ⬆ が表示されます。バックアップされた順に ⬆ が消えていきます。
③ 画面右上に表示されている名前をタップします。
④ ［バックアップ中］と表示されたらバックアップの最中です。
　　［バックアップ完了］と表示されたら、写真や動画のバックアップは完了です。

ホーム画面の ［写真］と、ホーム画面の ［Googleフォト］には同じ写真がありますが、［Google フォト］はインターネット上の保管場所（クラウド）に保存した写真です。同じ写真が２枚あると勘違いして、どちらかを消してしまわないように気をつけましょう。

140

第**8**章

iPhone の便利な機能や
アプリを利用しよう

レッスン 1　メモの使い方

メモは手軽な備忘録の代わりに使うことができます。覚えておきたいこと、やるべきことなどを書き留める手軽なノート代わりに使ってみましょう。

1　チェックリストの作成

メモを使うと、簡単にチェックリストを作ることができます。チェックリストは用件が終わったものをタップすると、チェックが表示されます。「買い物メモ」「お土産メモ」「やることメモ」など、忘れないようにメモを使ってチェックリストを作っておくと便利です。1行目に入力した文字がメモのタイトルになります。メモ一覧で見た時にわかりやすいよう、1行目にはメモの内容がわかるものを入力しておきましょう。ここでは買いたい本のリストを作成します。

① ホーム画面の　　　　[メモ] をタップします。

② メモ一覧の画面下にある　　　をタップします。

③ メモが表示されたら「買いたい本」と入力し、キーボードの [改行] をタップします。

④ 　　　をタップします。〇が表示されます。

⑤ 「エバーグリーン」と入力し、キーボードの [改行] をタップします。

⑥ 改行すると自動的に〇が表示されます。続けて入力します。余分な改行によって〇が入力された時は、キーボードの　　　をタップして削除します。

⑦ チェックリストの〇をタップすると　　　になります。[自動並べ替えを有効にしますか？] と表示されたら [並べ替えを有効にする] をタップします。　　　になったものが下に移動します。

買いたい本（改行）

エバーグリーン（改行）

紫の空（改行）
黄色の扉は永遠の階（改行）
パーフェクト・ブルー（改行）
赤ヘル 1975

⑧ 入力が終わったら［＜メモ］をタップします。
⑨ メモ一覧の画面になります。1行目がタイトルとして表示されています。

2　箇条書きや番号付きのメモの作成

メモにはあらかじめ用意された本文、箇条書き、番号付きなどのスタイルがあります。
スタイルを選んでから入力すると、自動的に箇条書きになったり、番号が付いたりします。
必要のないメモは、メモ一覧の画面で削除することができます。

① メモ一覧の画面下にある ✎ をタップします。
② 1行目に「防災訓練について」と入力し、キーボードの［改行］をタップします。
③ Aa をタップすると、スタイル一覧が表示されます。
④ 好みのスタイル（ここでは段落番号）をタップし、 ✕ をタップします。
⑤ 文字を入力すると、選択したスタイルによって番号が振られたり、箇条書きになったりします。
⑥ 入力が終わったら［＜メモ］をタップします。メモ一覧の画面になります。
⑦ メモ一覧の画面で、削除したいメモをゆっくり左に動かし、［ゴミ箱］をタップします。
⑧ ［削除したメモは"最近削除した項目"フォルダに移動されます］と表示されたら［OK］をタップします。メモが削除されます。

1. 煙体験（改行）
2. 消火器訓練（改行）
3. AED 講習（改行）
4. 非常食試食会

3 手書きメモの作成

メモには鉛筆、マーカー、ペンなどを使って手書きができます。サイズや番号を素早く書き留めたり、筆談に使ったりすることもできます。

① メモ一覧の画面下にある ☑ をタップします。
② メモが表示されたら「棚のサイズ」と入力し、キーボードの［改行］をタップします。
③ ⓐ をタップします。
④ ペンの種類が表示されます。使いたいペンをタップします。選ぶペンによって線の太さが違います。また、それぞれのペンを素早く2回タップすると、ペン先の太さや透明度が選べます。
⑤ ● をタップすると、ペンの色が選択できます。色を選択したら［×］をタップします。
⑥ 図形を描いた後で、そのまま指を離さずにいると、きれいな図形に補正されます。
⑦ 書き直したい時は 🖊 をタップし、消したいところを指でなぞります。
⑧ ↺ をタップすると、1操作ずつ元に戻すことができます。
⑨ 書き終わったら［＜メモ］をタップします。メモ一覧の画面になります。

① 鉛筆　　② 蛍光ペン　　③ ペン　　④ 消しゴム
⑤ 選択ツール：描いた部分を指で囲むと選択できます。
　　　　　　　 選択した部分を動かせます。

4 メモを使った書類のスキャン

メモアプリを使って、手書きの紙や書類をスキャンすることができます。書類を撮影するのではなくメモアプリでスキャンすると、書類は四角形に整い、光も反射せずに読みやすい状態で保存できます。手書きの紙や書類や名刺、配布物などをスキャンしてみましょう。
スキャンするものを濃い色のテーブルや背景に置くと、スキャンする範囲がはっきりして、読み

144

取りやすくなります。初期設定ではスキャンは自動的に行われるので、自分でボタンなどを押したりタップしたりする必要はありません。ここでは、チラシをスキャンしています。

① メモ一覧の画面下にある をタップします。

② をタップします。

③ ［書類をスキャン］をタップします。

④ スキャンしたい書類にiPhone をかざします。しばらく待つと、スキャンしたい範囲が黄色で選択され、シャッター音がして自動的に書類がスキャンされます。
同時にスキャンしたいものがある時は、書類を取り換えて iPhone をかざします。

⑤ ［保存］をタップします。書類が取り込まれます。

⑥ スキャンが終わったら［＜メモ］をタップします。メモ一覧の画面になります。

レッスン 2　カレンダーの使い方

iPhone のカレンダーは、日付を確認するだけでなく、スケジュール帳の感覚で使うことができます。カレンダーに書き込んだスケジュールは、今日の予定として通知されます。

1　カレンダーの切り替え

カレンダーは日付単位、月単位、年単位で表示できます。どの年月日を見ていたとしても、［今日］をタップすると、今日のカレンダーに戻ることができます。

① ホーム画面の 火9 ［カレンダー］をタップします（カレンダーのアイコンにはその日の日付が表示されます）。

② ［"カレンダー"の新機能］と表示されたら［続ける］をタップします。
また、［"カレンダー"に位置情報の使用を許可しますか？］と表示されたら［App の使用中は許可］をタップします。

145

③ 日付単位のカレンダーが表示されます。左右に動かすと、別の日が見られます。
④ 画面左上に表示されている月をタップすると、月単位のカレンダーが表示されます。
⑤ 月単位のカレンダーを上下に動かすと、別の月が見られます。
⑥ 画面左上に表示されている年をタップすると、年単位のカレンダーが表示されます。
⑦ 年単位のカレンダーを上下に動かすと、別の年が見られます。見たい月をタップすると、月単位のカレンダーが表示されます。
⑧ ［今日］をタップすると、今日の日付に戻ります。

2 予定の入力、編集、削除

「何時」から「何時」、「何日」から「何日」と決まっている予定を書き込んでみましょう。どの月を表示していても、カレンダーの［＋］をタップすれば、すぐに予定を入力できます。

■予定の入力

① ＋ をタップします。
② ［新規イベント］の画面が表示されます。［タイトル］をタップし、予定を入力します。
③ ［開始］をタップし、カレンダーの日付をタップして選びます。
④ 時刻をタップし、表示された数字を上下に動かして入力します。
⑤ ［終了］も同じように時刻を設定します。
⑥ ［追加］をタップします。
⑦ カレンダーに予定が書き込まれます。

146

■予定の編集、削除

予定の変更や追加があった時は、次の手順で編集することができます。ここでは書き込んだ予定の時間を変更しています。また、[イベントを削除]で予定の削除ができます。

① 編集したい予定をタップします。
② [編集]をタップします。
③ 予定の内容を編集し、[完了]をタップします。
④ 削除したい予定をタップします。
⑤ [イベントを削除]をタップします。
⑥ 表示されたメニューの[イベントを削除]をタップすると、予定が削除されます。

レッスン3　時計の使い方や天気の調べ方

iPhoneの時計は時刻を知るためだけでなく、目覚まし時計やストップウォッチ、タイマーにもなります。また、現在地や登録した複数の都市の天気を簡単に知ることができます。

1　時計の便利な機能

iPhoneはタイマーやストップウォッチとしても使えます。キッチンタイマーの代わりにしたり、運動で使ったり、ちょっとした時間を計ったりするのに便利です。

① ホーム画面の [時計]をタップします。
② 画面下のマークをタップして切り替えます。

▼世界時計　　　　　▼アラーム　　　　　▼ストップウォッチ　　　　　▼タイマー

2 世界時計

家族や友人が海外にいる場合、現地は今何時かを知るのに便利なのが世界時計です。世界各国の都市も簡単に追加できます。

① 🌐 [世界時計] をタップします。

② ➕ をタップします。

③ 都市名が表示されます。タップすると都市が追加されます。[検索] ボックスに都市名を入力して検索もできます。

④ 追加した都市を削除したい時は、都市名をゆっくり左に動かして [削除] をタップします。

3 アラーム

アラームはいくつでも簡単に設定できます。メニューにある [スヌーズ] とは英語で「居眠り」という意味です。アラームを止めた後で二度寝してしまうのを防止するために、アラーム時刻の 9 分後にもう一度アラーム音が鳴ります。設定時に [スヌーズ] を [オフ] にすることもできます。

① ⏰ [アラーム] をタップします。

② ➕ をタップします。

③ 表示された時刻を上下に動かして、時刻を入力します。

④ [繰り返し] をタップします。

⑤ 曜日が表示されます。アラームを使いたい曜日をタップし、チェックを表示します。

⑥ [＜戻る] をタップします。

148

⑦ ［スヌーズ］が オンになっていることを確認し［保存］をタップします。

⑧ アラームをタップすると オンと オフが切り替えらえます。

⑨ アラームを削除したい時は、時刻をゆっくり左に動かして［削除］をタップします。

4　天気を調べる都市の追加

天気を見てみましょう。天気には位置情報で取得された現在地や、調べたい都市などを追加することができます。1週間分の天気予報がわかります。

① ホーム画面の ［天気］をタップします。［"天気"に位置情報の使用を許可しますか？］と表示されたら［App の使用中は許可］をタップします。説明が表示されたら［続ける］をタップします。

② その日の天気が表示されます。時刻を左右に動かすと、1日の天気がわかります。

③ 上下に動かすと、週間天気予報と、その日の天気の詳細が表示されます。

④ 画面下の をタップします。

⑤ をタップし、［検索］ボックスに追加したい都市名を入力します。

⑥ ［追加］をタップします。

⑦ 都市が追加されます。タップすると、その都市の天気が表示されます。

149

レッスン 4　音楽の購入や映画のレンタル

iTunes Store には音楽、本、映画が揃っています。音楽は試聴してから購入できます。本のサンプルが読めたり、映画の予告編を見たりできます。音楽、本、映画を入手するのは iTunes Store からですが、音楽は［ミュージック］、本は［ブック］、映画は［Apple TV］というアプリを利用して楽しみます。

1　音楽、本、映画を楽しむためのアプリ

iPhone には Apple 社が運営する次のような専用ショップのアプリが最初から用意されています。24 時間 365 日利用できる「音楽・映画ショップ」「書店」というイメージです。音楽は試し聞きができるほか、定額料金を払えば聴き放題の音楽サービス（Apple Music）があります。映画は数百円でレンタルができます。

	App Store（アップストア） 有料・無料のアプリが常時、多数用意されています。アプリは検索したり、ランキングから探したりできます。
	iTunes Store（アイチューンズストア） 音楽、ミュージックビデオ、映画などが多数用意されています。音楽は 90 秒間試聴ができ、1 曲から購入できます。 映画は予告編を見られます。
	Apple Music（アップルミュージック） iTunes Store から購入した曲が管理できます。また、約 7500 万曲の音楽が1ヶ月 980 円（最初の3ヶ月は無料）で聴き放題のサービスがあります。
	Apple TV（アップルテレビ） 映画・ドラマ・アニメなどの管理、レンタル、購入を行うアプリです。
	Apple Books（アップルブックス） 電子書籍を閲覧するためのアプリです。小説や漫画、最新のベストセラー、無料で入手できる書籍などが用意されています。本の試し読みもできます。
	Apple Podcast（アップルポッドキャスト） インターネットを通じて音声や動画を配信するサービスです。ニュース、ラジオ番組や語学学習などが定期的に配信されます。

2 iTunes カードの利用

有料のアプリや音楽、本などを購入する時は、コンビニエンスストアなどで売っているプリペイド式のiTunes カード（アイチューンズカード）を利用するとよいでしょう。iTunes カードに記載されている額面分、有料アプリの購入や音楽、本の購入、映画のレンタルなどができます。

ここでは先に額面分のチャージをしてから有料アプリや音楽、本などを購入する方法を紹介します。

iTunes カードを購入したら、先に裏面のシールをはがしておきましょう。

① ホーム画面の [App Store] をタップします。
② ［Today］をタップし、 をタップします。
③ ［ギフトカードまたはコードを使う］をタップします。
④ ［カメラで読み取る］をタップします。
⑤ シールをはがした iTunes カードの裏面にカメラをかざすと、自動的にコードが読み取られます。
⑥ Face ID（顔認証）または Touch ID（指紋認証）の画面が表示されます。
⑦ ［￥XXXX を追加しました。］と表示され、チャージした金額が表示されます。
⑧ ［完了］をタップします。

151

3 音楽の購入

音楽の購入には、iTunes Store（アイチューンズストア）を使います。iTunes Store にある音楽は、曲の長さによって 60～90 秒間の試聴ができます。音楽は1曲単位で購入できます。1 曲ずつ購入するよりアルバムとして購入すると、お得な価格設定になっています。購入した曲は、iPhone の 🎵 ［ミュージック］に保存され、いつでも聞くことができます。

① ホーム画面の ⭐ ［iTunes Store］をタップします。
② ［ようこそ iTunes Store へ］と表示されたら［続ける］をタップします。
③ ［ファミリー共有を設定］と表示されたら［今はしない］をタップします。
④ ［ミュージック］をタップします。画面を上下左右に動かすと音楽が探せます。
⑤ 画面下の 🔍 をタップし、［検索］ボックスにキーワードを入力してキーボードの［検索］をタップします。検索結果は［すべて］［ソング］［アルバム］［さらに見る］などに分類されます。
⑥ タイトルをタップすると曲が試聴できます。タイトルをもう一度タップすると、再生が停止します。
⑦ 購入したい場合、音楽の購入金額をタップします。1 曲ずつ購入することも、アルバムとして購入することもできます。金額は音楽によって異なります。

⑧ 本体のサイドボタンを 2 回素早く押します。
⑨ iPhone に視線を合わせます。顔が認識されると［完了］と表示されます。
　顔認識がうまくいかないときは［支払い］をタップし、Apple ID のパスワードを正確に入力して［サインイン］をタップします。

　❗ 丸いホームボタンのある iPhone の場合、［Touch ID で支払う］と表示されたら、ホームボタンに登録した指をのせます。

⑩ 音楽の購入作業が終わると［再生］と表示されます。［再生］をタップすると、最後まで聞くことができます。

152

⑪ ホーム画面の [ミュージック] をタップします。

⑫ [3 か月間無料で音楽をお楽しみいただけます。] と表示されたら [×] をタップします。

⑬ [ライブラリ] の [ダウンロード済み] に購入した音楽が表示されます。[最近追加した項目] にも同じものが表示されます。
一度購入したものは、[ミュージック] でいつでも再生できます。

4 映画のレンタル

映画のレンタルにも、iTunes Store（アイチューンズストア）を使います。

映画のレンタルにはダウンロードという作業が伴います。ある程度の時間がかかるので、映画を見たい時は余裕をもってダウンロードしておくとよいでしょう。映画はレンタルした日から 30 日以内に見始める必要があります。一度再生を始めたら 48 時間でレンタル時間が終了します。48 時間以内であれば、何度でも見ることができます。

① ホーム画面の ⭐ [iTunes Store] をタップします。

② 🎞 [映画] をタップします。画面を上下左右に動かして映画を探せます。左上の [ジャンル] をタップすると、映画をジャンルごとに探せます。

③ 見たい映画のレンタル金額をタップします。金額は映画により異なります。

④ 本体のサイドボタンを 2 回素早く押します。

⑤ iPhone に視線を合わせます。顔が認識されると [完了] と表示されます。
顔認識がうまくかない時は [レンタル] をタップし、Apple ID のパスワードを正確に入力して [サインイン] をタップします。

❗ 丸いホームボタンのある iPhone の場合、[Touch ID でレンタル] と表示されたらホームボタンに登録した指をのせます。

⑥ ["映画のタイトル"をダウンロードしますか？] と表示されたら [ダウンロード] をタップします。しばらく時間がかかります。準備が完了すると、▶ が表示されます。

⑦ レンタルした映画は、ホーム画面の
　　[Apple TV] で見ることができます。
　　[ようこそApple TVへ] と表示されたら [続け
　る] をタップします。[3か月無料で体験する]
　と表示されたら [今はしない] をタップします。
⑧ レンタルした映画をタップします。[映画"映画の
　タイトル"の視聴を開始しますか？] と表示され
　たら [再生] をタップします。
⑨ iPhone を横にすると大きく表示できます。

5　本の購入

本の購入には、[ブック] を使います。本にはサンプルがあり、内容を一部読むことができ
るようになっています。漫画などは1巻だけ無料で読めるものがあります。本や雑誌を何
冊購入しても、iPhone ならかさばらずに持ち歩くことができます。また、「耳で聞く本」の
オーディオブックを楽しむこともできます。

① ホーム画面の 📖 [ブック] をタップし、[はじめよう] をタップします。ブックの画面が表
　示されます。
② [ライブラリ] をタップすると、追加した本が表示されます。
③ [ブックストア] をタップすると、おすすめの本などが表示されます。
④ [検索] をタップすると、見つけたい本をキーワード検索できます。
⑤ 本は [無料サンプル] をタップすると、試し読みができます。オーディオブックは [プレビュー]
　をタップすると、試聴できます。
⑥ [購入] をタップすると、本やオーディオブックが購入できます。

レッスン 5　Siri の使い方

iPhone の音声アシスタント機能は Siri（シリ）といいます。Siri に話しかけると天気を教えてくれたり、予定の確認ができたりします。また Siri にやりたいことを頼むと、会話形式で操作のアシスタントをしてくれたりします。

1　Siri を利用する場合の設定の確認

Siri を使う前に、次のような設定を確認しておく必要があります。また、ボタンを押さずに「ヘイシリ」と呼びかけて操作できるよう、Siri の設定もしておきましょう。

① ホーム画面の [設定] をタップします。
② ［Siri と検索］をタップします。
③ ［サイドボタンを押して Siri を使用］の オフをタップして オンにします。

🛑 丸いホームボタンのある iPhone の場合、［ホームボタンを押して Siri を使用］をタップします。

④ ［Siri を有効にする］をタップします。
⑤ ［Siri の声を選択］が表示されたら［声1］［声2］のいずれかをタップして、［完了］をタップします。
⑥ ［自分の情報］に自分の名前が表示されていることを確認します。表示されていない時は、タップして連絡先から自分の名前をタップします。
⑦ ［"Hey Siri"を聞き取る］をタップします。
⑧ ［"Hey Siri"を設定］と表示されたら［続ける］をタップします。
⑨ 画面の指示に従い、Siri に話しかけて自分の声を認識させます。
⑩ ［"Hey Siri"の準備ができました］と表示されたら［完了］をタップします。

位置情報サービスがオンになっていると、最寄りの施設などを Siri に探してもらうことができます。[設定]をタップし、[プライバシー]の[位置情報サービス]が ⬜◯ オンになっていることを確認します。◯⬜ オフになっている場合は、タップして ◯⬜ オンにします。

---

2 Siri に尋ねる

よく知っている人にものを尋ねるように、天気、検索したいこと、道順、周辺のお店、気になったことなど、思いつくままに Siri にいろいろと話しかけてみましょう。Siri は現在地情報をもとに天気や経路、周辺の施設を調べることができます。

Siri を呼び出すには、サイドボタン（ホームボタンのある iPhone はホームボタン）を長めに押します。Siri は画面下に控えめに表示されるので、ほかの作業をやりながらでも Siri に話しかけてその回答を得ることができます。Siri の回答はその時々によって、また聞き方によって多少変わります。そのやり取りも楽しみのひとつです。

ボタンを押してから間があると Siri とのタイミングが合いません。そのような時は、もう一度ボタンを長めに押して Siri の画面を表示します。

① サイドボタンを長めに押します。

❗ 丸いホームボタンのある iPhone の場合、ホームボタンを長めに押します。

② 画面下に ⚫ が表示されます。
「明日の天気は」と話しかけます。

③ 現在地の天気予報が表示されます。

④ 次のように Siri に話しかけてみましょう。
・「明日の朝 4 時に起こして」
・「3 分のタイマーをセットして」
・「来週の予定は？」
・「画面を明るくして」
・「懐中電灯つけて」
・「メモを見せて」
・「来年の干支は？」
・「〇〇さんに電話して」
・「近くの喫茶店は？」

「明日の天気は」

「Hey Siri（ヘイ、シリ）」と iPhone に呼びかけても、音声アシスタントを利用することができます。iPhone を机の上に置いたまま、「Hey Siri」と呼びかけてから「明日の天気は？」などと聞いてみましょう。

レッスン6　AirDrop を使った写真交換

AirDrop（エアドロップ）とは、近くにいる人に写真や動画、連絡先などを無線で送ることができる機能です。AirDrop は、「送りたいデータ」と「誰に送るか」を決めるだけ、受け取る側は［受け入れる］をタップするだけという、とても簡単なデータの送受信方法です。

1　AirDrop を利用する場合の設定

AirDrop の設定は、コントロールセンターから行います。AirDrop を使う相手を［すべての人］に設定すれば、相手の連絡先を知らなくても写真などを送ることができます。
連絡先に登録してある相手とだけ使いたい時は［連絡先のみ］にしておきます。また、使わない時は［受信しない］にしておくとよいでしょう。

① 画面右上からゆっくり下に指を動かしてコントロールセンターを表示します。

　　🛈　丸いホームボタンのある iPhone の場合、本体の下の縁からゆっくり押し上げるように指を動かして、コントロールセンターを表示します。

② ［Wi-Fi］や［機内モード］のある場所を強く押します。
③ ［AirDrop］をタップします。
④ ［すべての人］をタップし、チェックを表示します。
⑤ コントロールセンター以外の場所をタップし、ホーム画面に戻ります。

2　AirDrop で写真を送る

近くにいる相手に、AirDrop で写真を送ってみましょう。AirDrop では動画やメモ、地図の場所や、見ている Web ページなどを、近く（9m 以内）の相手に送ることができます。送られたものが写真や動画であれば自動的に［写真］に保存されます。
メモが送られたらその内容は「メモ」で表示され、送られた情報に合わせたアプリが自動的に画面に表示されます。

157

① ホーム画面の ［写真］をタップし、相手に送りたい写真をタップします。

② 画面下の ⬆ をタップします。

③ 🛜 ［AirDrop］をタップします。

④ AirDrop が利用できる相手が近く（9 メートル以内）にいると、画面に表示されます。何度か送ったことがある人は［知っている人］に表示されます。送る相手をタップします。

⑤ データが送信されると［送信済み］と表示されます。

⑥ AirDrop でデータが送られると、画面にメッセージが表示されます。送られてきたデータを受け取る時は［受け入れる］、受け取りたくない時は［辞退］をタップします。

⑦ 写真を選択する際、［選択］をタップし、複数枚選択して送ることもできます。動画を含めることもできます。

⑧ AirDrop の画面に表示された複数の相手を選択すると、複数の人に同時に写真を送ることもできます。

データを送りたい相手の iPhone がスリープ状態（画面が暗い）だと、AirDrop の画面に相手が表示されません。AirDrop は、お互いスリープではない状態（画面が明るい状態）で使いましょう。
また、動画、メモ、検索した場所、Web ページにも ⬆ が表示されていると AirDrop が利用できます。

158

レッスン7　カメラでのQRコードの読み取り

チラシやパッケージ、名刺などに記載されているQRコードを読み取ると、ホームページが簡単に表示できたり、メールアドレスの入力の手間が省けたりします。
iPhoneではQRコードを読み取るアプリは必要ありません。読み取りたいQRコードに、iPhoneのカメラをかざしてみましょう。

1　QRコードを読み取る（Webページ）

QRコードにカメラをかざすと、画面に通知が表示されます。その通知をタップすると、読み取った内容が表示されます。写真を撮るわけではないので、シャッターボタンはタップしません。

① ホーム画面の [カメラ] をタップします。
② このQRコードにカメラをかざします。

▼筆者の教室

③ QRコードの上に、読み取られた通知（この場合ホームページのアドレス）が表示されます。[pasocom.net] をタップします。

> 丸いホームボタンのあるiPhoneの場合、画面の上に表示される["pasocom.net"をSafariで開く] をタップします。

④ 該当するアプリが自動的に開き、読み取った内容が表示されます。

2　QRコードを読み取る（動画やメール）

動画を表示させたり、メール送信の画面を表示させたりするQRコードもあります。どのアプリで開くかを考えなくても、画面に表示された通知をタップすれば、該当するアプリが開きます。※QRコードで読み取られる内容は、いずれも筆者の教室関係のページです。

▼筆者のブログ

▼お問い合わせフォーム

▼動画のページ

159

レッスン 8　スクリーンショットの利用

iPhone の画面に表示されているものを、そのまま写真に撮ることができます。新聞記事のスクラップのように、見ている箇所をそのまま切り取って保存することができます。これをスクリーンショットといいます。

1　スクリーンショットの撮影方法

ホーム画面を撮影してみましょう。同時に押すタイミングが合わないと、画面が暗くなったりします。両方同時に押すには多少の慣れが必要ですが、ぜひ覚えておきましょう

① 撮影したい画面を表示し、本体右側のサイドボタンと、音量の上のボタンを同時に押します。

> 丸いホームボタンのある iPhone の場合、本体右側のサイドボタンとホームボタンを同時に押します。

② シャッター音がして、スクリーンショットが撮影できます。

③ 撮影されたスクリーンショットはホーム画面の　　　［写真］で確認できます。

▼ホームボタンのある iPhone の場合

2　スクリーンショットの利用シーン

スクリーンショットを使えば、iPhone の画面に表示されたものを保存できます。

例えば［設定］の画面で、どんな設定をしたのかを記録したり、大事なメールやメッセージの文面を残しておいたりするのに使うことができます。

Web ページで調べたお店の情報や、マップで検索した地図などをスクリーンショットで残しておくのもひとつの使い方です。

スクリーンショットで残した Web ページや地図は、1 枚の写真になっているので、それを見るためにインターネットの接続は必要ありません。簡単に画面メモを取る感覚で、ぜひ気軽に利用してみましょう。

メモする代わりに設定の画面を記録しておきたい。

よくわからないメッセージが表示された。

地図を保存しておきたい。

160

レッスン 9 Apple Pay の設定

Apple Pay（アップルペイ）は、iPhone に登録したクレジットカードや Suica（スイカ）から支払いをする仕組みのことです。クレジットカードを登録しておけば、手元にカードがなくても、iPhone で買い物ができます。
また、Suica を登録すれば、iPhone で電車やバスなどを利用することができます。
Apple Pay は iPhone 7 以降で利用できます。

1 ウォレットへのクレジットカードの追加

ウォレットは、クレジットカードや交通系 IC カードの Suica（スイカ）を登録して支払いを行ったり、航空券や映画のチケットなどを入れて使うことができるアプリです。
Wallet にクレジットカードを登録すると、iD（アイディ）または QUICPay（クイックペイ）という電子マネーとして使えるようになります。
iPhone にクレジットカードや Suica を登録すれば、iPhone をかざすだけで支払いが完了します。支払いの際は、本人確認のため Face ID、Touch ID またはパスコードが必要で、本人以外が利用できない仕組みとなっています。
Apple Pay（アップルペイ）や iD、QUICPay、Suica などのマークのある場所で iPhone で支払いができます。

① ホーム画面の ![ウォレットアイコン] ［ウォレット］をタップします。［"ウォレット"に位置情報の使用を許可しますか？］と表示されたら［App の使用中は許可］をタップします。
② ［追加］をタップします。
③ ［ウォレットに追加］と表示されたら、追加したいカードの種類（ここでは［クレジットカードなど］）をタップします。
④ 登録したいカードをカメラの枠内に収めます。
⑤ カードが読み取られると、カードに記載されているカード番号、名義、有効期限などが自動的に入力されます。読み取られた情報を確認して［次へ］をタップします。

161

⑥ 有効期限を確認し、セキュリティコードを入力して［次へ］をタップします。
　※セキュリティコードはクレジットカードの裏にある 3 桁の数字です。アメックスはカードの表にある 4 桁の数字です。
⑦ 利用規約が表示されます。確認して［同意する］をタップします。
⑧ カードが追加されたら［次へ］をタップします。
⑨ ［カード認証］の画面で、認証方法（SMS）を確認して［次へ］をタップします。
⑩ ショートメッセージサービス（SMS）に届いた認証コード（数字）を入力し、［次へ］をタップします。
⑪ ［アクティベート完了］と表示されたら登録は終了です。［完了］をタップします。

クレジットカードを利用する時には、サインの代わりの本人確認に Face ID（ホームボタンのある iPhone の場合は Touch ID）を使います。

2　ウォレットへの Suica の追加とチャージ

iPhone 7 からは、ウォレットに電子マネーの Suica（スイカ）が登録できます。
また iPhone にクレジットカードを登録しておけば、iPhone の中で Suica や PASMO を新規作成（新規発行）できます。新規作成には最低 1000 円のチャージが必要となります。また、追加のチャージもできます。

■Suica の新規作成（新規発行）

① ホーム画面の 　　　 ［ウォレット］をタップします。
② ［＋］をタップします。
③ ［交通系 IC カード］をタップします。
④ 追加したい交通系 IC カード（ここでは［Suica］）をタップします。
⑤ ［続ける］をタップします。

162

⑥ 入金したい金額をタップし、［追加］をタップします。

⑦ 利用規約を読んで［同意する］をタップします。

⑧ チャージ金額は、登録したクレジットカードで支払います。本体のサイドボタンを 2 回素早く押し、iPhone に視線を合わせます。

🛈 丸いホームボタンのある iPhone の場合、ホームボタンに登録した指をのせます。

⑨ ［カードを追加中］と表示されます。

⑩ ［エクスプレスカードに設定完了］と表示されます。［完了］をタップします。

⑪ ［ウォレット］に［Suica］が登録されます。［完了］をタップします。

■Suica へのチャージ

① ホーム画面の ［ウォレット］をタップします。
② ［Suica］をタップします。
③ ［チャージ］をタップします。
④ チャージしたい金額をタップし、［追加する］をタップします。
⑤ 本体のサイドボタンを 2 回素早く押し、iPhone に視線を合わせます。

> ！ 丸いホームボタンのある iPhone の場合、ホームボタンに登録した指をのせます。

⑥ 指定した金額がチャージされます。
⑦ Suica を使いはじめると、使用履歴が表示されるようになります。

> 対応エリアでの電車、地下鉄、バス利用時には iPhone に入れた
> Suica が使えます。改札を通る時は、iPhone の画面が暗いまま
> タッチしても大丈夫ですが、バッテリーが切れている時は使用
> できません。iPhone をかざして買い物をしたり、改札を通った
> りと、iPhone ひとつで外出できますね。

レッスン 10　データのバックアップ

iPhone を使うようになると、写真を撮ったり、メモを作ったり、インターネットで情報を検索したりするようになります。iPhone の中にあるそれらのデータの複製を作り、インターネット上にも保存しておくことをバックアップといいます。
Apple ID があれば、iCloud（アイクラウド）という場所に無料で 5GB（ギガバイト）までのデータが保存できます。

1　iCloud へのデータのバックアップ

iCloud バックアップの設定を確認してみましょう。
次の条件を満たす時、データのバックアップが iCloud に自動的に作成されます。

> ・　Wi-Fi 経由でインターネットに接続されていること
> ・　使っている iPhone が電源に接続されていること
> ・　iCloud の設定がオンになっていること

① ホーム画面の　[設定] をタップします。
② 自分の名前をタップします。
③ ［iCloud］をタップします。
④ iCloud の現在の使用状況が、横棒グラフで表示されます。
⑤ ［iCloud バックアップ］がオンになっていることを確認します。
⑥ ［＜Apple ID］をタップします。

2　iCloud の空き領域の変更

バックアップするデータが無料で利用できる5GB（ギガバイト）で収まらなくなると、［iCloud ストレージがいっぱいです］という表示がたびたび出るようになります。

これは iPhone 本体がデータでいっぱいになり、もう使えないという意味ではなく、インターネット上の保存場所である iCloud がデータなどでいっぱいになっている、という意味です。

メッセージを見てあわててしまい、もうデータが保存できないと勘違いする方も多いのですが、［iCloud ストレージ］とは iPhone 本体のことではありません。間違えないようにしましょう。

容量がデータでいっぱいになる要因として多いのは、たくさんの写真や動画のバックアップです。iCloud は写真や動画も自動的にバックアップされる仕組みなので、容量のことを考えて、バックアップする必要のない写真や動画は、あらかじめ削除しておくとよいでしょう。

iCloud は月額使用料を支払えば、容量を増やすことができます。

- ・　50GB .... 130 円
- ・　200GB .... 400 円
- ・　2TB .... 1300 円

必要のない写真や動画を削除しながら、無料の範囲内で使いたいという方もいるでしょう。あるいは、月数百円のコストで、iPhone のデータを自動的にバックアップしてくれるなら使ってみてもよい、という方もいるでしょう。

ここでは iCloud の容量を 5GB から 50GB に増やす手順を紹介します。第 7 章では、Google フォトを利用した写真や動画などのバックアップについて説明しましたが、iCloud を利用することもできます。

月額使用料は、クレジットカードを登録して支払うほか、コンビニエンスストアなどで販売している前払い式の「iTunes カード」（アイチューンズカード）で支払うこともできます。

※ここでは、クレジットカード情報を入力し、毎月クレジットカードから支払う方法の手順を説明しています。

使用済み：4.8GB/**5GB**

使用済み：4.8GB/**50GB**

① P165 の①〜③の手順で、iCloud の画面を表示します。
② ［ストレージを管理］をタップします。
③ ［アップグレード］または［ストレージプランを変更］をタップします。
④ プランの確認画面が表示されます。画面を上に動かすと説明が表示されます。
　　［50GB　月額￥130］をタップします。
⑤ ［iCloud+にアップグレード］をタップします。
⑥ 本体のサイドボタンを2回素早く押し iPhone に視線を合わせます。

　　　🛈　丸いホームボタンのある iPhone の場合、ホームボタンに登録した指をのせます。

⑦ ［完了］をタップします。
⑧ ［iCloud+］と表示され、iCloud の容量が増量されます。

使用済み：4.8GB/**50GB**

思い出の写真や動画は同じものを
もう一度撮ることはできないので、
Google や iCloud などで、バックアッ
プの設定をしっかりしておくこと
が大切です。

索 引

168

169

著者紹介

増田 由紀（ますだ ゆき）

2000年に千葉県浦安市で、ミセス・シニア・初心者のためのパソコン教室「パソコムプラザ」を開校。2020年10月にオンラインスクールに移行。現役講師として講座の企画から教材作成、テキスト執筆などを行っている。
2007年2月、地域密着型のパソコン教室を経営する6教室で「一般社団法人パソコープ」を設立し、現在はテキスト・教材開発を担当している。
「パソコムプラザ」では「"知る"を楽しむ」をコンセプトに、ミセス・シニア・初心者の方々にスマートフォン、iPad、パソコンの講座を行っている。受講生には70～80代の方々も多い。シニア世代のスマートフォンの利活用に特に力を入れている。日本橋三越、新宿伊勢丹、京王百貨店、日本橋高島屋、椿山荘、ホテルニューオータニ、クラブツーリズム、JTB、JAなどでも講座を担当。また、「いちばんやさしい60代からの」シリーズ（日経BP）や新聞・雑誌への多数の執筆活動も行っている。

・教室ホームページ　　　　https://www.pasocom.net/
・著者ブログ「グーなキモチ」　https://masudayuki.com/

いちばんやさしい60代からのiPhone
13/13 Pro/13 Pro Max/13 mini

2021年12月20日　初版第1刷発行

著　　　　者	増田 由紀	
発　行　者	村上 広樹	
発　　　行	日経BP	
	東京都港区虎ノ門4-3-12　〒105-8308	
発　　　売	日経BPマーケティング	
	東京都港区虎ノ門4-3-12　〒105-8308	
ＤＴＰ制作	株式会社スノー・カンパニー	
カバーデザイン	大貫 修弘（株式会社マップス）	
印　　　刷	大日本印刷株式会社	

・本書に記載している会社名および製品名は、各社の商標または登録商標です。なお、本文中に™、®マークは明記しておりません。
・本書の例題または画面で使用している会社名、氏名、他のデータは、一部を除いてすべて架空のものです。

ISBN978-4-296-05020-8　Printed in Japan